はじめに

プログラミングの学び方としては、「真似る」「変える」「創る」という3つの段階を繰り返すのがよいと言われています。「真似る」は、書籍などに載っているプログラムを全く同じように入力して動かしてみることです。これを「写経」と言ったりします。初歩の段階では、サンプルプログラムを自分で入力して動かすのは、プログラミングを学ぶうえでよい方法です。しかし、単純に丸写しするだけですが、そう簡単にプログラムは動いてくれません。

プログラムとは、あらかじめ決められたルールに従って人間がコンピュータに様々な処理方法を伝えるものです。文字が1つ違うだけでもルール違反となり、うまく動かないことがあります。このうまく動かない状況を、プログラムにバグがあると言ったり、プログラムにエラーが発生していると言ったりします。

プログラムがうまく動かないことをバグ、英語で虫（BUG）と言うのは、コンピュータ黎明期に作られた巨大な計算機がうまく動かない原因を探っていったら、機械の中に入り込んだ虫の仕業だったという逸話からです（ただし、諸説あるようです）。

「真似る」から一歩進んで「変える」「創る」の段階では、一部あるいは全部のプログラムを自分で考えて入力することになります。「真似る」よりさらに多くのエラーが発生することになるでしょう。

本書はプログラミング初心者に向けて、「真似る」「変える」「創る」の3段階で構成します。最初はプログラム例を「真似て」基本的な記述方法や注意点を理解し、次にプログラム例を応用した、言い換えれば「変えた」練習問題で様々なエラーを修正し、さらに深く学びます。最後の章末問題では、より複雑なプログラムを読み解きながら「創る」段階を経験しましょう。

プログラミング環境には、高等学校の情報の授業で多く使われているPythonを取り上げます。Pythonは、プログラムを文字や記号、数字で記述するプログラミング言語です。ほかのテキストプログラミング言語と比較して、文法がシンプルでわかりやすく、少ない命令で複雑な処理を書けるので、誰が書いたコードでも同じになりやすく、挫折しにくいと言われています。

それでも、プログラムを書く際には、命令の入力間違いや文法間違いが発生します。加えて、プログラムは動いているのに正しい動作にならない構文エラーも発生します。こうしたエラーの原因を学ぶことは、プログラミングのスキル向上にとても役立ちます。うまく動かない状況を乗り越えた先に、プログラミング初心者から中級者への道が見えてくると信じています。

2023年　研究室より雪の米山を望みて　冬

中野　博幸

エラーで学ぶ Python
間違いを見つけながらプログラミングを身につけよう

目次

column

本書の使い方

本書では、Pythonの実行環境として、Google Colaboratory（以下、Colab）を利用します。使い方は次ページからのコラムをお読みください。

Colabでは、ウェブブラウザ上でPythonを記述し、実行できます。

Colab上でのPythonのバージョンは、2023年11月1日現在、3.10.12です。

本書に掲載したプログラムやColab用ノートブック、および学習（授業）計画案は本書のウェブサイト、および著者のウェブサイトからダウンロードできます。

https://bookplus.nikkei.com/atcl/catalog/23/11/29/01128/index.html

http://www.kisnet.or.jp/nappa/

Pythonでは、2系と3系がありますが、その間に互換性はありません。

2系のサポートは2020年で終了したこともあり、本書ではPython3系を使います。

謝辞

前著『エラーで学ぶScratch』を出版した際には、SNS上で「面白い！」「ほかのプログラミング言語でもほしい」などたくさんの反響をいただきました。それが本書を執筆するモチベーションとなりました。

今回の出版にあたり、東北大学大学院の堀田龍也先生から、監修をご担当いただきました。東京都立神代高等学校の稲垣俊介先生からは、高等学校情報科の観点から、解説をご執筆いただきました。大変お忙しい中、誠にありがとうございました。

また、前著に引き続き、日経BPの田島篤氏には再びご厚志をいただきましたことに感謝申し上げます。

column

Google Colaboratoryの使い方

本書では、Pythonの実行環境として、Google Colaboratory（コラボラトリー）（以下、Colab（コラボ））を利用します。

Colabでは、ウェブブラウザ上でPythonのプログラムを記述し、実行できます。

Colab上でのPythonのバージョンは、2023年9月26日現在、3.10.12です。

1. Googleアカウントでログインする

ColabでPythonを利用するためにはGoogleアカウントが必要です。

アカウントが用意できたら、https://accounts.google.com/ からGoogleにログインします。

2. Google Colabにアクセスする

Colabのページ https://colab.research.google.com/ にアクセスします。

ダイアログ左下の「ノートブックを新規作成」をクリックすると、「Untitled0.ipynb」という名前の新しいノートブックが作成されます。

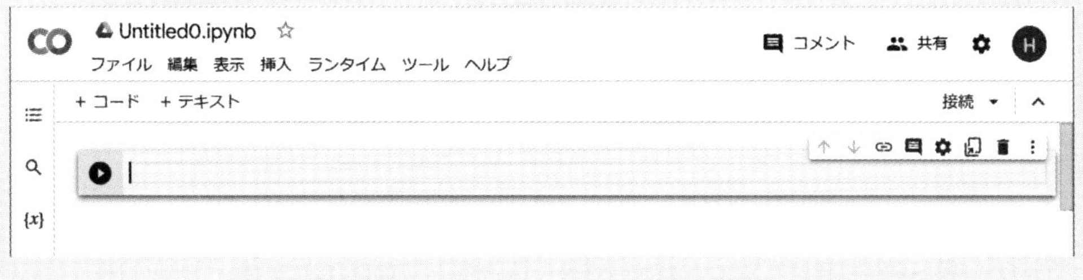

3. セルにPythonコードを入力する

画面中央にあるグレーの横長の部分にプログラムを入力します。左にある▶マークのボタンをクリックすると結果が表示されます。

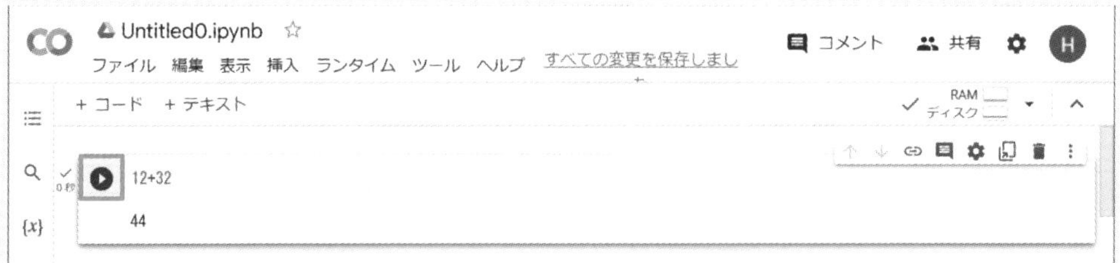

4. セルを追加する

「+コード」をクリックすると、セルが追加されます。

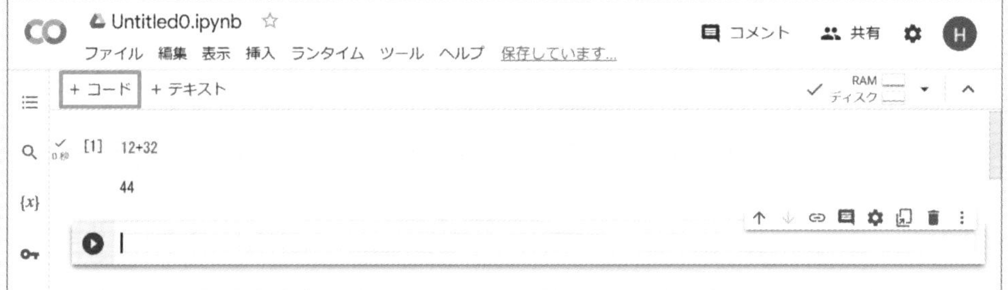

5. セルを削除する

右にあるごみ箱アイコンをクリックすると、セルが削除されます。

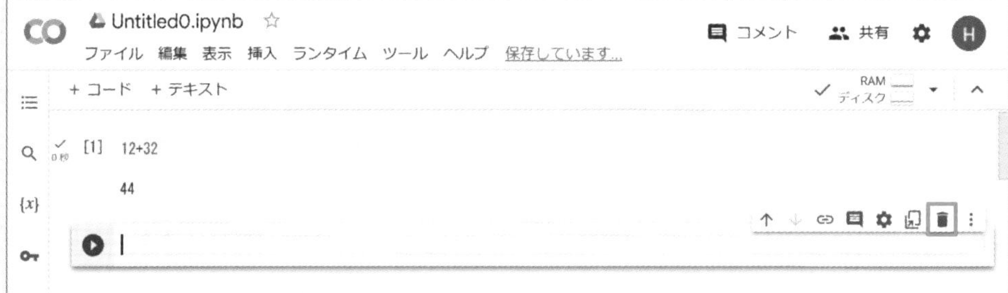

詳しい使い方は、以下のURLを参考するとよいでしょう。

「Colaboratory へようこそ」

https://colab.research.google.com/notebooks/intro.ipynb?hl=ja

CHAPTER

1 変数と演算

1-1 プログラミングの第一歩

「Hello World」を表示する

最初に「Hello World」と表示するプログラムを作ってみましょう。

次のようにプログラムを入力してください。行番号「01:」は、入力の必要はありません。

```
01: print('Hello World')
```

print('文字列')と書いて文字列を表示することができます。

文字列とは、複数の文字がつながったものです。

Pythonの文字列はシングルクォーテーション(' ')とダブルクォーテーション(" ")のどちらでも表現できます。

変数を使う

プログラムを動かすために重要な仕組みが「変数」です。変数はいろいろな値を入れておくための入れ物と考えればよいでしょう。

例 200円のリンゴ1個の値段を表示するプログラムを作ってみましょう。次のようにプログラムを入力してください。

```
01: apple = 200
02: print(apple)
```

```
200
```

apple = 200は、変数appleに200という整数の値を代入しています。

「=」は代入演算子と呼ばれ、apple = 200は右辺の200を左辺のappleに代入するという意味になります。apple←200と考えるとわかりやすいでしょう。

print(apple)は、appleという文字列が表示されるのではなく、変数appleの値である200が表示されるのです。プログラムは、上から下へ順に実行されます。これを「順次構造」と呼びます。

例 変数を使って、「Hello World」と表示するプログラムを作ってみましょう。次のようにプログラムを入力してください。

```
01: message = 'Hello World'
02: print(message)
```

```
Hello World
```

このように変数には、数(整数、小数)だけでなく文字列も代入することができます。このようなデータの種類のことを「データ型」と呼びます。

データ型

多くのデータ型がありますが、まずは次の5つを押さえておきましょう。

データ型	説明	記述例
文字列（str）	シングルクォーテーション（' '）とダブルクォーテーション（" "）のどちらかで囲む	`apple = 'リンゴ'`
整数（int）	小数点を含まない数値	`num = 6` `num = -3`
浮動小数点(float)	小数点を含む数値	`num = 3.14`
真偽（bool）	真（True）、偽（False）で定義する	`check = True` `check = False`
配列（list）	複数の要素（文字列、整数など）を含む	`fruits = ['リンゴ','バナナ','みかん','ぶどう']`

プログラミング言語によっては、「この変数は整数が入る入れ物です」とデータ型を最初に宣言します。最初に型宣言することで、本来は整数の入る箱なのに文字列を入れてしまったというような間違いを防ぐことができます。

Pythonでは、この型宣言がありません。同じ変数に整数を入れたり、文字列を入れたりできます。自由度が高い分、気がついたらプログラムの途中でデータ型が変わっていたということに注意しなくてはいけません。

変数の命名規則

Pythonの変数名には、次のような規則があります。

- アルファベット、0〜9の数字、アンダースコア（ _ ）を使うことができる
- 最初の文字は、アルファベットまたはアンダースコアにする
- 予約語は使えない
- アルファベットの小文字と大文字は区別される

例

```
apple = 5
Apple = 2.7
apple1 = 'リンゴの個数'
apple_price = 200
```

予約語とは、Pythonでプログラムを記述するときに特別な意味を持つ重要な単語のことです。次の単語が予約語となっています。

```
False None True and as assert async await break class continue def del elif
else except finally for from global if import in is lambda nonlocal not or
pass raise return try while with yield
```

リンゴ（apple）の値段（price）やリンゴ（apple）の重さ（weight）など複数の単語を組み合わせることで、変数の意味がわかりやすくなります。複数の単語を連結して変数名をつけるときのルールとして、キャメルケース、パスカルケース、スネークケースなどがあります。このルールには従わなくてもプログラムは動きますが、可読性が上がるためエラーを防ぐのに有効です。

キャメルケースは、先頭の要素語（apple）は小文字で書き、先頭以外の要素語（price）の最初を大文字で書き始めます（applePrice）。途中の大文字がラクダ（camel）のコブのように見えるというのが由来です。パスカルケースは、要素語（apple、price）の最初を大文字で書き始めます（ApplePrice）。プログラミング言語Pascal（パスカル）の命名規則だったことが由来です。スネークケースは、アンダースコアで要素語（apple、price）を連結します（apple_ price）。見た目が蛇（snake）っぽいことが由来だそうです。Pythonではスネークケースを使います。

四則演算を行う

変数を使って四則演算を行う方法について学びましょう。

例　200円のリンゴ1個と100円のバナナ1本を買ったときの合計金額を表示するプログラムを作ってみましょう。次のようにプログラムを入力してください。

```
01:  apple = 200
02:  banana = 100
03:  total = apple + banana
04:  print(total)
```

```
300
```

1行目で変数appleに200を代入、2行目で変数bananaに100を代入、3行目で変数totalに変数appleと変数bananaの和(＋)を代入しています。

四則演算は以下の4種類です。かけ算、わり算の記号が数学の場合と異なるので注意が必要です。

たし算（＋）…和　　ひき算（－）…差　　かけ算（*）…積　　わり算（/）…商

例　変数totalを使わずに、次のようにprint()の中に式を書くこともできます。

```
apple = 200
banana = 100
print(apple + banana)
```

```
300
```

例　＋は、文字列同士を結合することもできます。

```
apple = 'リンゴ'
juice = 'ジュース'
print(apple + juice)
```

```
リンゴジュース
```

1-2 エラーで学ぶ

エラーの種類

プログラムにエラーはつきものです。うまく動かないプログラムと上手に付き合うために、エラーについて学んでいきましょう。

エラーには様々な種類があるのですが、本書ではエラーを大きく次の2つに分けて考えることにします。

❶ **実行時エラー**

プログラムの実行時に発生して、エラーメッセージが表示されプログラムが停止するエラー

❷ **論理エラー**

プログラムは最後まで実行されるものの、意図通りの結果にならないエラー

プログラミング言語には、Scratchのようにブロックを組み合わせるビジュアルプログラミング言語とPythonのように文字や数字、記号でプログラムを記述するテキストプログラミング言語があります。テキストプログラミング言語では、1文字でも間違えると正しく動いてくれませんので、ビジュアルプログラミング言語と比較してより多くのエラーと付き合わなくてはなりません。

実行時エラーの例

基本的な実行時エラーの例を確認しましょう。

例 変数に値を代入するプログラムです。

```
01:  8apple = 200
```

```
01:  apple% = 0.52
```

```
01:  if = 'もしも'
```

どの場合でも実行するとSyntaxError(シンタックスエラー)が発生します。変数名の命名規則に違反しています。

```
01:  8apple = 200    変数名の先頭に数字がある
```

```
01:  apple% = 0.52  変数名の中に使えない記号(%)がある
```

```
01:  if = 'もしも'   予約語が変数名になっている
```

プログラミング言語によっては、変数名の先頭が数字でもOKだったり、%や$などの記号がOKなものもあるので、注意しましょう。

例 200円のリンゴ1個と100円のバナナ1本を買ったときの合計金額を表示するプログラムです。

```
01: apple = 200
02: banana = 100
03: total = apple + banana
04: print(total
```

実行するとSyntaxErrorが発生します。incomplete inputは、不完全な入力という意味です。「line 4」から、プログラムの4行目でエラーが発生していることがわかります。

```
01:   File "<ipython-input-6-c9c83002b36b>", line 4
02:     print(total
03:                ^
04: SyntaxError: incomplete input
```

具体的には、printの最後のカッコが閉じられてないことが原因です。複数のカッコが含まれる複雑な数式では注意が必要です。

正しいプログラム

```
01: apple = 200
02: banana = 100
03: total = apple + banana
04: print(total)
    300
```

例 200円のリンゴ1個と100円のバナナ1本を買ったときの合計金額を表示するプログラムです。

```
01: apple = 200
02: banana = 100
03: total = appre + banana
04: print(total)
```

実行するとNameError(ネームエラー)が発生します。変数名の間違いや綴(つづ)り間違いが原因です。

NameError: name 'appre' is not definedは、'appre'という名前の変数が定義されていないという意味です。→で、3行目でエラーが発生していることがわかります。

```
01: NameError                                 Traceback (most recent call last)
02: <ipython-input-48-6205d2fad44b> in <cell line: 3>()
03:       1 apple = 200
04:       2 banana = 100
05: ----> 3 total = appre + banana
06:       4 print(total)
07: 
08: NameError: name 'appre' is not defined
```

1行目でappleと定義して200を代入していますが、3行目ではappreとなっています。ここで計算に使われるまでに、appreは定義されていないので、エラーが発生しました。

正しいプログラム

```
01: apple = 200
02: banana = 100
03: total = apple + banana
04: print(total)
```

```
300
```

Q1 練習問題

200円のリンゴ1個と100円のバナナ1本を買った合計金額を表示するプログラムです。実行する前にエラーを見つけてみましょう。

❶

```
apple = 200
banana = 100
total = Apple + banana
print(total)
```

❷

```
apple = 200
banana = 100
total = app1e + banana
print(total)
```

Q2 練習問題

上底 ($a = 5$) ,下底 ($b = 6$)、高さ ($h = 4$) の台形の面積を求めるプログラムです。実行する前にエラーを見つけてみましょう。

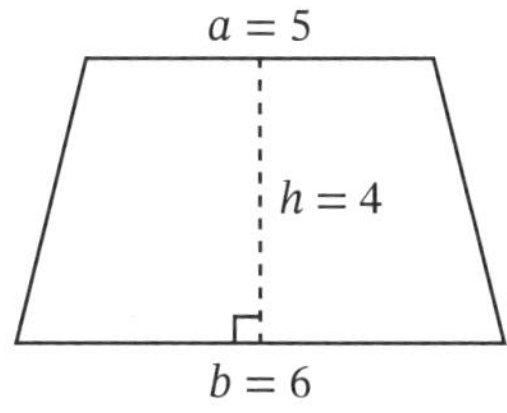


```
a = 5
b = 6
h = 4
print(a + b) * h / 2)
```

論理エラーの例

実行時エラーと違って論理エラーの場合には、エラーメッセージが表示されません。

そのため、プログラムの実行結果からエラーの発生しているところを見つけなければなりません。

また、このエラーは常に発生することもありますが、ある特定の場合だけ発生することもあり、発見が難しい場合もあります。

例 200円のリンゴ1個と100円のバナナ1本を買って500円を払ったときのおつり金額を表示するプログラムです。

```
apple = 200
banana = 100
change = 500 - apple + banana
print(change)
```

```
400
```

おつり（change）を求める式が間違っているので、正しいおつりの金額が表示されませんでした。

正しいプログラム

```
apple = 200
banana = 100
change = 500 - apple - banana
print(change)
```

```
200
```

カッコを使って以下のように書くこともできます。

```
apple = 200
banana = 100
change = 500 - (apple + banana)
print(change)
```

```
200
```

例 2つの整数（aとb）の積（produce）を求めるプログラムです。

```
a = -2
b = 2
product = a - b
print(product)
```

```
-4
```

$-2 \times 2 = -4$なので、正しい答えが表示されています。しかし、a = –3とすると、–5と間違った答えが表示されます。product = a ＊ bではなく、product = a – bとなってしまっているため、a = –2、b = 2のときだけ、たままた答えが一致してしまいました。このようなことはとてもまれですが、最初は正しく動いていたのに、変数の値を変更したらうまく動かなくなったという場合には、計算式が正しいか疑ってみましょう。

正しいプログラム

```
a = -2
b = 2
product = a * b
print(product)
```

```
-4
```

Q3 練習問題

国語のテスト得点86点と英語のテスト得点78点の平均(average)を表示するプログラムです。実行する前にエラーを見つけてみましょう。

```
japanese_test = 86
english_test = 78
average = japanese_test + english_test / 2
print(average)
```

column

どのプログラミング言語から学ぶ?

プログラミング言語には、Pythonのほかにも、C、Java、VisualBasic、PHP、Fortran、Go、Scratch、Object Pascal、Swift、Rubyなど、様々な種類があります。プログラミングを初めて学びたい人は、どれを選べばよいのか、迷ってしまうかもしれません。

人気のあるプログラミング言語の中でも、Pythonは学びやすい言語と言われています。その理由の1つが、コードがほかの言語と比較してシンプルであることです。シンプルで書きやすい構文なので、読みやすく、他人が書いたコードの修正でもエラーが発生しにくいと言われています。しかし、複雑なことを実現しようと思えば、それ相応の時間をかけて学ばなければなりません。どんなことでも「千里の道も一歩から」で、それはプログラミングも同じです。

1-3 練習問題の解答

A1 練習問題の解答

200円のリンゴ1個と100円のバナナ1本を買った合計金額を表示するプログラムです。

❶

```
01: apple = 200
02: banana = 100
03: total = Apple + banana
04: print(total)
```

実行するとNameErrorが発生します。変数名の間違いや綴り間違いが原因です。

NameError: name 'Apple' is not defined は、'Apple'という名前の変数が定義されていないという意味です。→で、3行目でエラーが発生していることがわかります。

```
NameError                                 Traceback (most recent call last)
<ipython-input-1-1e01c6899e78> in <cell line: 3>()
      1 apple = 200
      2 banana = 100
----> 3 total = Apple + banana
      4 print(total)

NameError: name 'Apple' is not defined
```

1行目でapple と定義して200を代入していますが、3行目ではAppleと先頭が大文字になっています。大文字と小文字は区別されるので、Appleは定義されておらず、エラーが発生しました。

正しいプログラム

```
01: apple = 200
02: banana = 100
03: total = apple + banana
04: print(total)
```

```
300
```

❷

```
01: apple = 200
02: banana = 100
03: total = app1e + banana
04: print(total)
```

ここでも実行するとNameErrorが発生します。

NameError: name 'app1e' is not defined は、'app1e'という名前の変数が定義されていないという意味ですが、1行目にapple = 200があるのにどうしてでしょうか。

1行目のappleのlはアルファベットのエルで、3行目のappleの1は数字の1です。

フォントによってそっくりに見えるので要注意です。これ以外にも、アルファベットのOと数字の0もそっくりですね。

A2 練習問題の解答

上底 ($a = 5$) , 下底 ($b = 6$)、高さ ($h = 4$) の台形の面積を求めるプログラムです。

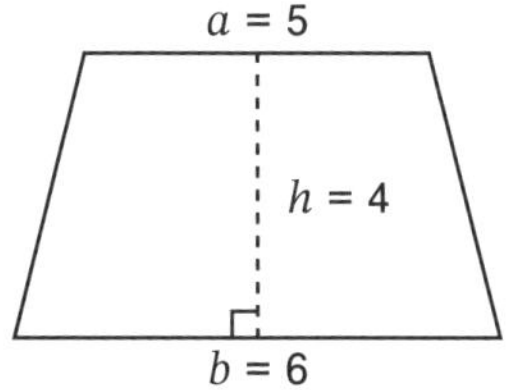


```
01: a = 5
02: b = 6
03: h = 4
04: print(a + b) * h / 2)
```

実行するとSyntaxErrorが発生します。4行目でエラーが発生していることがわかります。

unmatched ')'は、右カッコの数が一致していないという意味です。

```
01:   File "<ipython-input-18-fcf1eebab9aa>", line 4
02:     print(a + b) * h / 2)
03:                         ^
04: SyntaxError: unmatched ')'
```

print関数のカッコと数式のカッコがきちんと対になっていないのが原因です。

正しいプログラム

```
a = 5
b = 6
h = 4
print((a + b) * h / 2)
```

```
22.0
```

A3 練習問題の解答

国語のテスト得点86点と英語のテスト得点78点の平均 (average) を表示するプログラムです。

```
japanese_test = 86
english_test = 78
average = japanese_test + english_test / 2
print(average)
```

```
125.0
```

エラーメッセージは表示されませんが、実行すると125.0と表示されます。平均が100を超えるのは明らかに変です。平均を求めている数式に誤りがありそうです。

japanese_test + english_test / 2　は、四則計算の順序からわり算が優先されるので、英語のテスト得点だけが2で割られることになります。たし算が優先されるようにカッコを追加しましょう。

正しいプログラム

```
japanese_test = 86
english_test = 78
average = (japanese_test + english_test) / 2
print(average)
```

```
82.0
```

今まで何度も出てきたprintは画面に文字を表示する命令です。このようなある特定の処理ができるようにした命令のことを「関数」といいます。

第1章の章末問題では、print関数以外に、数を文字列に変換するstr関数、文字例を数に変換するint関数、float関数、10進数を処理するDecimal関数を扱います。

詳しいことは第2章で説明しますので、そちらを参照してください。

章末問題 1-1 おつりの計算1

Q 問題

200円のリンゴ1個と100円のバナナ1本を買って、500円を払いました。
おつりはいくらでしょうか。

```
apple = 200
banana = 100
change = 500 - (apple + banana)
Print(change)
```

結果が表示されません。

ヒント

エラーメッセージが表示されるので、何を意味しているのか確認しましょう。

A 解答

実行するとNameErrorが発生します。

NameError: name 'Print' is not defined は、'Print'が定義されていないという意味です。

変数名ではなく、結果を出力するprint関数の先頭が大文字のためです。

→で、4行目でエラーが発生していることがわかります。

```
01: NameError                                 Traceback (most recent call last)
02: <ipython-input-4-a53caf51e2a9> in <cell line: 4>()
03:       2 banana = 100
04:       3 change = 500 - (apple + banana)
05: ----> 4 Print(change)
06: 
07: NameError: name 'Print' is not defined
```

Pythonだけでなく、プログラミング言語には最初から様々な関数が組み込まれています。この関数名を正しく用いる必要があります。

```
01: apple = 200
02: banana = 100
03: change = 500 - (apple + banana)
04: print(change)
```

```
200
```

ちなみにC言語の結果を出力する関数は、printfです。言語によって微妙な違いがあるので注意が必要ですね。

Point

関数の綴りを確認する

章末問題 1-2 おつりの計算2

Q 問題

200円のリンゴ1個と100円のバナナ1本を買って、500円を払いました。
おつりはいくらでしょうか。

```
apple = 200
banana = 100
change = 500 - (apple + banana)
print('おつりは、' + change + '円です')
```

結果が表示されません。

ヒント

エラーメッセージが表示されるので、何を意味しているのか確認しましょう。

Ⓐ 解答

実行するとTypeErrorが発生します。

異なるデータ型同士の計算や関数の処理が原因です。

TypeError: can only concatenate str (not "int") to str は、str型には（int型ではなく）str型のみ連結できますという意味です。

→で、4行目でエラーが発生していることがわかります。

```
TypeError                                 Traceback (most recent call last)
<ipython-input-5-1daec9100901> in <cell line: 4>()
      2 banana = 100
      3 change = 500 - (apple + banana)
----> 4 print('おつりは、' + change + '円です')

TypeError: can only concatenate str (not "int") to str
```

演算記号＋は数のたし算だけでなく、文字列の結合もできます。

しかし、数と文字列をそのままでは組み合わせることができません。

'おつりは、'と'円です'は文字列ですが、変数changeには200という数が入っているので、データ型が異なることになりTypeErrorが発生しました。

数と文字列を結合するためには、str関数を使って数を文字列に変換します。

changeは200という数ですが、str(change) とすると '200' という文字列に変換されます。

print('おつりは、' + change + '円です')
print('おつりは、' + 200 + '円です') エラーになる

print('おつりは、' + str(change) + '円です')
print('おつりは、' + '200' + '円です') エラーにならない

```
01: apple = 200
02: banana = 100
03: change = 500 - (apple + banana)
04: print('おつりは、' + str(change) + '円です')
```

```
おつりは、200円です
```

Point

数はstr関数で文字列に変換して、文字と結合する

章末問題

1-3 リンゴとバナナの値段

Q 問題

リンゴとバナナの合計金額を出力します。

結果が表示されません。

```
apple = '200'
banana = 100
total = apple + banana
print(total)
```

ヒント

エラーメッセージが表示されるので、何を意味しているのか確認しましょう。

A 解答

実行するとTypeErrorが発生します。

異なるデータ型同士の計算や関数の処理が原因です。

TypeError: can only concatenate str (not "int") to str は、str型には（int型ではなく）str型のみ連結できますという意味です。

→で、3行目でエラーが発生していることがわかります。

```
TypeError                                 Traceback (most recent call last)
<ipython-input-1-5ed6364e206a> in <cell line: 3>()
      1 apple = '200'
      2 banana = 100
----> 3 total = apple + banana
      4 print(total)

TypeError: can only concatenate str (not "int") to str
```

apple = 200 は、変数apple に 200 という数値を代入していますが、apple = '200' は 200を文字列として代入していることになります。Pythonの文字列はシングルクォーテーション（' '）とダブルクォーテーション（" "）のどちらでも表現できます。apple は文字列、banana は数という異なるデータ型同士の計算だったために、TypeErrorが発生しました。apple に文字列ではなく数を代入すれば問題なく計算されます。また、文字列を整数に変換するint関数を使うという方法も覚えておきましょう。

小数に変換する場合は、float関数を使い、float(apple) とします。

```
apple = '200'
banana = 100
total = int(apple) + banana
print(total)
```

```
300
```

代入する文字列が全角でも計算してくれます。

```
apple = '２００'
banana = 100
total = int(apple) + banana
print(total)
```

```
300
```

Point

数を' 'や" "で囲むと文字列として扱われる

文字列を数に変換するときはint関数やfloat関数を使う

章末問題

1-4 小数のたし算

Q 問題

2つの小数のたし算を計算します。

```
num_1 = 0.1
num_2 = 0.2
total = num_1 + num_2
print(total)
```

正しい結果が表示されません。

```
0.30000000000000004
```

ヒント

プログラムは間違っていないようですが……。

A 解答

0.1 + 0.2 = 0.3ですが、出力されている結果は違っています。

私たちは、10をひとまとまりにする10進法を使って計算しています。しかし、コンピュータの世界では、2をひとまとまりにする2進法を使って計算を行っています。そのため、小数の計算では誤差が発生し、この問題のように正しい答えが表示されません。

実際には誤差の値は大変小さいため、実務的に問題になることはないと考えられます。

ただ、正確な計算が必要となる場合には、decimalモジュールのDecimal関数を使います。Pythonでは関数などを定義したファイルをモジュールといいます。

from decimal import Decimal とプログラムの最初に宣言することで利用できます。

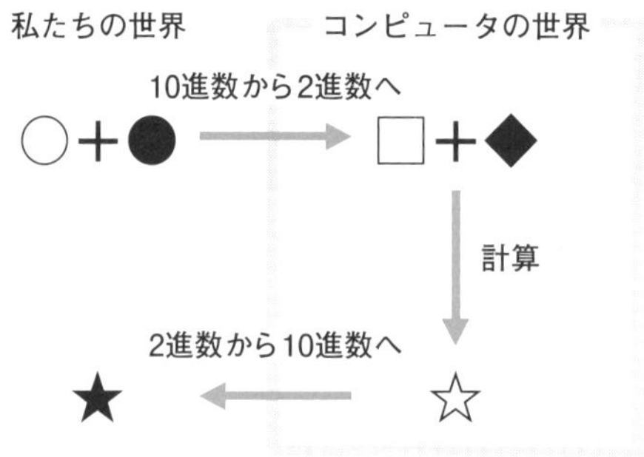


```
from decimal import Decimal

num_1 = '0.1'
num_2 = '0.2'
total = Decimal(num_1) + Decimal(num_2)
print(total)
```

```
0.3
```

Decimal関数で利用する変数の数値にシングルクォーテーション(' ')を付けると誤差のない小数として認識されます。

Point

小数の計算には誤差が発生することがある

章末問題

1-5 数字の入れ替え

Q 問題

num_1とnum_2に入っている数を入れ替えます。

```
num_1 = 2
num_2 = 5
num_1 = num_2
num_2 = num_1
print('num1 = ' + str(num_1))
print('num2 = ' + str(num_2))
```

うまく入れ替えができません。

```
num_1 = 5
num_2 = 5
```

ヒント

どのように表示されるか確認してみましょう。

num_1にnum_2を代入すると、num_1は5になってしまいます。

num_1に入っていた2が5に変わってしまいました。

プログラムの処理は1つ1つ上から順に実行されるので、変数の値を同時に入れ替えることはできないようです。

num_1の2を一時的に覚えておく新しい変数が必要でしょうか。

A 解答

プログラムは1つ1つの命令が基本的には上から下に順番に実行されます。つまり、2つの数を同時に入れ替えることはできません。

1つの数をいったん別の変数に入れてから、順に数を代入していきます。

2つの数を入れ替えるプログラムは、いろいろな場面で使われるので覚えておきましょう。

```
num_1 = 2
num_2 = 5
temp = num_2
num_2 = num_1
num_1 = temp
print('num1 = ' + str(num_1))
print('num2 = ' + str(num_2))
```

```
num1 = 5
num2 = 2
```

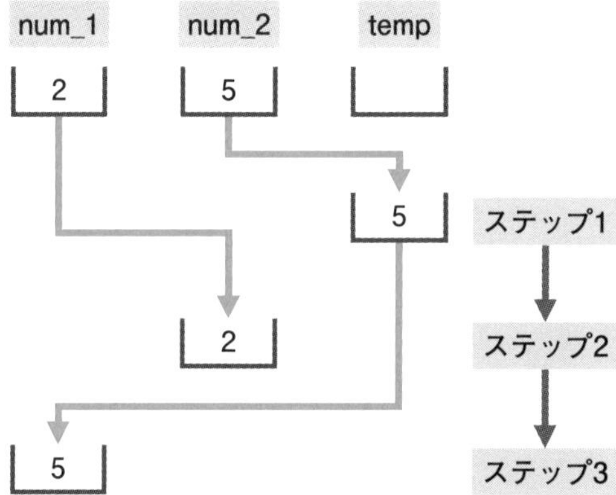

Point

数の入れ替えは3ステップで行う

Python特有の書き方として、tempのような変数を用いずに2つの数を入れ替えられます。

```
num_1 = 2
num_2 = 5
num_1 , num_2 = num_2 , num_1
print('num1 = ' + str(num_1))
print('num2 = ' + str(num_2))
```

column

プログラミング上達への道

プログラミングの学び方としては、「真似る」「変える」「創る」の3段階を繰り返すのがよいと思います。

「真似る」は、書籍などに載っているプログラムを全く同じように入力して動かしてみることです。これを「写経」と言ったりします。すでに入力されているプログラムをコピー&ペーストして実行するのではなく、プログラムを1文字ずつ自分で入力して実行するのです。最初は、数十行もあるプログラムではなく、数行の短いものから始めるのがよいでしょう。

綴(つづ)りやインデントがどうなっているかを確認しながら丁寧(ていねい)に入力して実行しても、うまく動かない場合があります。しかし、動かなかったらスキルアップのチャンスです。そのプログラムには、エラーが発生しているはずです。プログラム通りに入力したはずなのにうまく動いてくれないのかを考えることで、プログラミングへの理解が深まります。

エラーメッセージは英語で書かれていることが多く、初心者には何を意味しているのかわからないと思います。エラーメッセージをコピペして、インターネットで検索すると、日本語で詳しく解説しているサイトが複数ヒットするので、よく読んで理解を深めましょう。

修正して、うまく動いたら、次は、「変える」段階に進みましょう。例えば、おみくじプログラムを「真似て」入力できたとします。大吉、中吉、吉、凶の4つのおみくじに末吉や大凶を加えてみるなど、もとのプログラムを少しだけアレンジするのが「変える」です。

「変える」では「真似る」に比べて、格段にエラーが発生する確率は高まります。いきなり多くを変えずに少し変えては実行してエラーを確認し、また変えるといったことを繰り返すとよいでしょう。

「真似る」と「変える」をいくつか経験したら、今度は「創る」段階に進みましょう。おみくじプログラムを例にすると、乱数と条件分岐を使っておみくじを表示しているので、それらを使っておみくじとは別のものを考えてみるのです。例えば、じゃんけんプログラムはどうでしょう(本書にもあります)。相手のじゃんけんの手を乱数と条件分岐で表示できそうです。でも、おみくじのように表示したら終わりではなく、自分のじゃんけんの手を入力して、勝ち・負け・あいこを判定したいですね。そこで、ユーザーが入力するという新しいプログラムが必要になります。入力するプログラムを探して、「真似て」みましょう。

一口に入力するプログラムといっても、様々なやり方があります。キーボードからグー・チョキ・パーを入力する方法、マウスで画面上のボタンをクリックする方法、カメラ機能を使って実際の画像から人工知能(AI)にグー・チョキ・パーを判断させる方法など、プログラミングのスキルに合わせて、同じじゃんけんプログラムでも様々な「創る」段階があります。

どんなプログラムでもエラーが発生します。「真似る」「変える」「創る」を繰り返しながら、コツコツとエラーを取り除く経験することで、少しずつですがプログラミング上級者に近づいていけるのです。

column

エラーメッセージの意味

エラーメッセージの例	意味
IndentationError: expected an indented block	for文の中で実行される処理が正しくインデント（字下げ）されていない
IndexError: list index out of range	リストのインデックスが範囲外になった
IndexError: string index out of range	文字列インデックスが範囲外になった
NameError: name 'appre' is not defined	'appre'という名前の変数が定義されていない
NameError: name 'sqrt' is not defined	'sqrt'が定義されていない
SyntaxError: cannot assign to function call here	関数の呼び出しに代入できない
SyntaxError: incomplete input	不完全な入力
SyntaxError: invalid decimal literal	変数名が数字で始まっている
SyntaxError: unmatched ')'	右カッコの数が一致していない
TypeError: can only concatenate str (not "int") to str	str型には（int型ではなく）str型のみ連結できる
TypeError: 'float' object cannot be interpreted as an integer	整数型（int）でしか受け取らない関数に浮動点小数型（float）で渡してしまった
TypeError: sequence item 0: expected str instance, int found	文字列でなければいけないのにint型（整数）だった
TypeError: string indices must be integers	整数で指定しなければいけないところを文字列で指定している
TypeError: unsupported operand type(s) for -: 'list' and 'list'	リスト同士のひき算(-)はできない
TypeError: unsupported operand type(s) for +: 'int' and 'str'	'+'という演算記号は、int型とstr型の計算には使えない
UnboundLocalError: local variable 'num_2' referenced before assignment	ローカル変数'num_2'が宣言される前に参照された
ValueError: Exceeds the limit (4300) for integer string conversion	整数文字列変換の制限（4300文字）を超えている
ValueError: math domain error	関数の引数が範囲を超えた
ZeroDivisionError: division by zero	0でわり算を行った

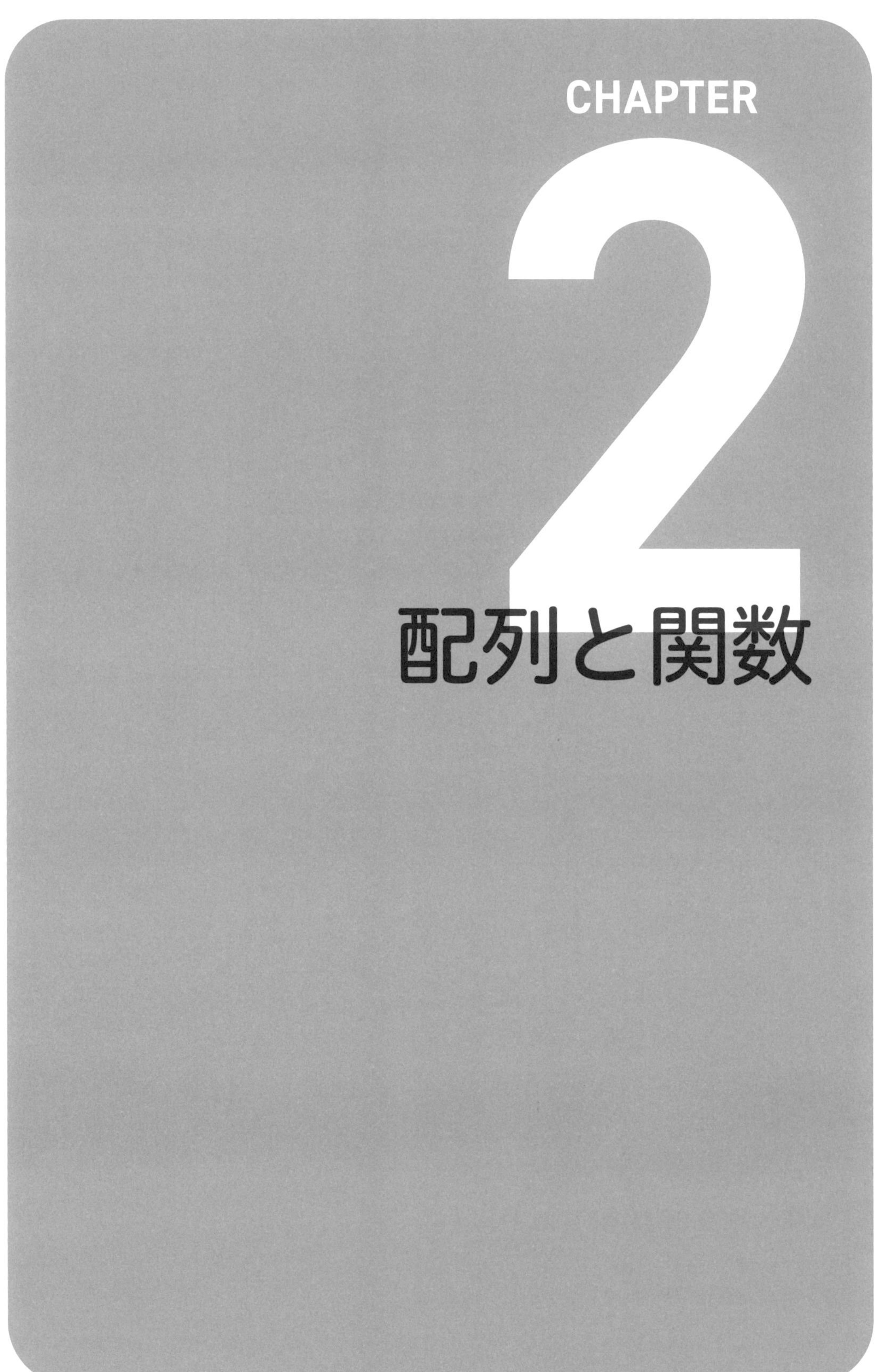

CHAPTER 2 配列と関数

2-1 配列（リスト）の基本

配列（リスト）を使う

第1章では「変数」を学びました。変数は数や文字列などいろいろな値を1つだけ入れておく箱のような入れ物です。「配列（以下、リスト）」は複数の値が入る引き出しのようなものです。

引き出しの中にはデータが1つ入っていて、引き出しの番号を指定することでその値を使うことができます。

リストは、角カッコ（[ ]）を使って定義し、それぞれの要素の間はカンマ（,）で区切ります。要素が文字列の場合には、シングルクォーテーション（' '）かダブルクォーテーション（" "）のどちらかで囲みます。

それぞれの要素を取り出すときには、リスト名[要素番号]のように指定します。要素番号をインデックスといいます。インデックスは「0」から始まるので注意が必要です。

Pythonには、array（アレイ）という型もあります。arrayは訳すと「配列」です。list（リスト）には、様々な型の値を収納できますが、arrayには同じ型しか収納できないなどの違いがあります。本書では、リストを配列として扱います。

例 20以下の素数のリスト（prime_number）の値を表示します。

```
prime_number = [2,5,7,11,13,17,19]
print(prime_number[3])
```

```
11
```

変数名	prime_number						
インデックス	0	1	2	3	4	5	6
要素	2	5	7	11	13	17	19

リスト名[start:end]と指定して、複数の要素を取り出すこともできます。このとき、endのインデックスは取り出される要素に含まれません。

```
prime_number = [2,5,7,11,13,17,19]
print(prime_number[0:2])
```

```
[2,5]
```

果物のリスト（fruits）の値を表示します。

```
fruits = ['リンゴ','バナナ','みかん','ぶどう']
print(fruits[0])
```

```
リンゴ
```

変数名	fruits			
インデックス	0	1	2	3
要素	リンゴ	バナナ	みかん	ぶどう

Q1 練習問題

20以下の素数のリスト（prime_number）から末尾の値（19）を表示します。実行する前にエラーを見つけてみましょう。

```
prime_number = [2,5,7,11,13,17,19]
print(prime_number[7])
```

文字列から文字を取り出す

リンゴという文字列は、「リ」「ン」「ゴ」という3つの文字が結合したものと考えることができます。

複数の要素を含むリストと同様に変数名［インデックス］のように指定して値（1文字）を取り出せます。インデックスは「0」から始まります。

変数名[開始番号：終了番号］と指定して、文字列の一部を取り出すこともできます。このとき、終了番号のインデックスは取り出される値に含まれません。

例 文字列が代入された変数（apple）からインデックスが2の値を表示します。

```
apple = 'リンゴ'
print(apple[2])
```

```
ゴ
```

変数名	apple		
インデックス	0	1	2
要素	リ	ン	ゴ

Q2 練習問題

変数（apple）の中から、動物の名前（きりん）を取り出して表示します。実行する前にエラーを見つけてみましょう。

```
apple = 'やきりんご'
print(apple[1:3])
```

2-2 関数の基本

関数を使う

「関数」とは、ある特定の処理ができるようにした命令のことです。プログラムの任意の場所から呼び出して利用できます。今まで何度も出てきたprintは画面に文字を表示する関数の1つです。

例 入力したリンゴの値段を表示します。

```
apple = input('リンゴはいくらですか？')
print('リンゴの値段は、' + apple + '円です')
```

```
リンゴはいくらですか？200
リンゴの値段は、200円です
```

input関数は、ユーザーからのキーボード入力のデータを受け付けるための関数です。

a = input() とすると、入力されたデータが変数aに代入されます。

a = input(文字列) とすれば文字列を表示した状態で、入力を受け付けることができます。

ただし、input関数で受け付けたデータは数字であっても文字列として扱われるので注意が必要です。

print(3) やinput('いくら？') のように、関数の () の中に書かれているものを「引数（ひきすう）」と呼びます。

関数はプログラムから引数を受け取り、その値をもとに様々な処理を行います。

print関数やinput関数のように、あらかじめ標準で用意されている関数を「組み込み関数」といいます。

Q3 練習問題

リンゴとバナナの値段を入力させて、合計金額を表示します。実行する前にエラーを見つけてみましょう。

```
apple = input('リンゴの値段はいくらですか？')
banana = input('バナナの値段はいくらですか？')
total = apple + banana
print('合計は' + total + '円です')
```

例 三平方の定理を使って、三角形の2辺の長さから斜辺の長さを求めてみましょう。

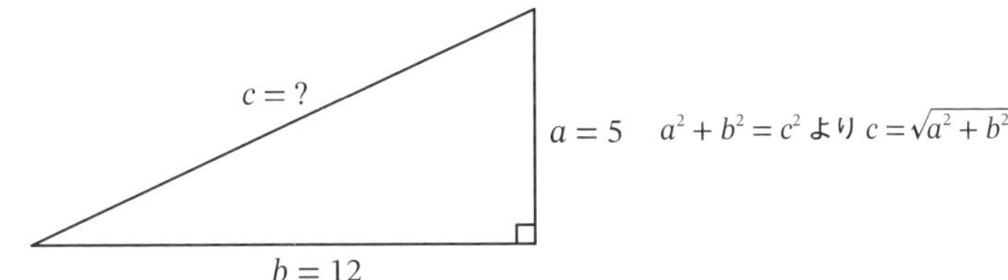


```
01: import math
02:
03: a = 5
04: b = 12
05: c = math.sqrt(a*a + b*b)
06: print(c)
```

```
13.0
```

平方根を求めるsqrt関数を使います。sqrt関数は組み込み関数ではないので、プログラムの最初に機能を追加することを記述する必要があります。

様々な機能がまとめられたファイルを「モジュール」といい、それをプログラムに追加することを「インポート」といいます。sqrt関数はmathモジュールに含まれているので、1行目でimport mathとして、mathモジュールを追加します。$\sqrt{2}$ をmath.sqrt(2) のように使います。

Q4 練習問題

スカイツリーのてっぺん（高さ634m）から鉄球を自由落下させたとき、地面に到達するときの速さを計算してみましょう。空気抵抗を無視した場合、落下した距離（高さ）h、重力加速度gとすると、速さvは、以下の公式で表されます。

$$v = \sqrt{2gh}$$ （ただし、重力加速度gは、9.8m/s^{2}とします）

実行する前にエラーを見つけてみましょう。

```
import math

g = 9.8
h = 634
v = math.sqrt(2gh)
print(v)
```

2-3 リストをもっと知る

リストを操作する

例 2つのリストを結合して表示します。

```
track = ['100M','200M','1500M','400Mリレー']
field = ['走幅跳','走高跳','砲丸投']
track_and_field = track + field
print(track_and_field)
```

```
['100M', '200M', '1500M', '400Mリレー', '走幅跳', '走高跳', '砲丸投']
```

リストの結合も数値のたし算や文字の結合と同じように + を使います。

1つめのリストの後ろに2つめのリストが結合されていることを確認しましょう。

例 偶数のリストと奇数のリストを結合して表示します。

```
01: even = [0,2,4,6,8]
02: odd = [1,3,5,7,9]
03: number = even + odd
04: number.sort()
05: print(number)
```

```
[0, 1, 2, 3, 4, 5, 6, 7, 8, 9]
```

3行目で2つのリストを結合していますが、それだけでは偶数の後ろに奇数がくっついただけです。そこで、4行目のnumber.sort()で、結合したnumberの全要素を並び替えています。

リスト名.sort() とすることで、リストの全要素を昇順に並び替えることができます。降順に並び替えるには、リスト名.sort(reverse=True) と書きます。

リストを並び替えるsort()は、メソッドと呼ばれるものの1つです。print() などの関数と何が違うのかなど疑問に思うかもしれませんが、今の段階でこの違いをきちんと理解することはとても難しいので、使い分けだけを知っておいてください。

使い分けは難しくありません。

関数とメソッドの違いと使い分け

関数とメソッドには次の違いがあります。

- 関数……………単独で呼び出して使うことができる命令
- メソッド……変数や値にくっつけて呼び出す命令

以下のプログラムの、input()、len()、str()、print()は、単独で呼び出して使う関数です。

```
word = input('単語を入力してください')
word_len = len(word)
print(word +'は、' + str(word_len) + '文字です')
```

```
単語を入力してくださいシャインマスカット
シャインマスカットは、9文字です
```


以下のプログラムの、sort()、join()は、リストで使えるメソッドです。4行目でtextの要素を並び替え(sort)、5行目でtestの全要素をハイフン(-)で結合(join)する処理を行っています。

関数と違い、メソッドが変数や値にくっついて記述されていることを確認しましょう。

```
01: text_1 = ['お','あ','い']
02: text_2 = ['う','え']
03: text = text_1 + text_2
04: text.sort()
05: '-'.join(text)
```

```
あ-い-う-え-お
```

例 0〜9の数のリストから、奇数を削除して偶数を表示します。

```
01: number = [0,1,2,3,4,5,6,7,8,9]
02: odd = [1,3,5,7,9]
03: even = number - odd
04: print(even)
```

実行するとTypeErrorが発生します。

TypeError: unsupported operand type(s) for -: 'list' and 'list' は、リスト同士のひき算(−)はできないという意味です。

3行目でエラーが発生していることがわかります。

```
TypeError                                 Traceback (most recent call last)
<ipython-input-3-a7654565e7d1> in <cell line: 3>()
      1 number = [0,1,2,3,4,5,6,7,8,9]
      2 even = [1,3,5,7,9]
----> 3 odd = number - even
      4 print(odd)

TypeError: unsupported operand type(s) for -: 'list' and 'list'
```

2つのリストをたし算(+)で結合することはできますが、ひき算(−)で要素を削除するすることはできません。

例 果物のリストから、仲間外れの要素を削除して表示します。

```
fruits = ['リンゴ','バナナ','みかん','ライオン','ぶどう']
fruits.remove('ライオン')
print(fruits)
```

```
['リンゴ', 'バナナ', 'みかん', 'ぶどう']
```

リスト.remove（値）として、指定した値の要素を1つ削除します。

removeはリストの先頭から指定された値を探していき、見つかるとその要素を削除して、処理を終了します。そのため、削除されるのは見つかった最初の要素だけになります。

```
fruits = ['リンゴ','バナナ','みかん','ライオン','ぶどう']
fruits.pop(3)
print(fruits)
```

```
['リンゴ', 'バナナ', 'みかん', 'ぶどう']
```

リスト.pop（インデックス）として、指定したインデックスの要素を削除します。インデックスは0から始まるので注意が必要です。

また、変数＝リスト.pop(インデックス)とすることで、削除した要素を取得することもできます。

Q5 練習問題

果物のリストから、仲間外れの要素を削除します。実行する前にエラーを見つけてみましょう。

```
fruits = ['リンゴ','キリン','バナナ','ウサギ','みかん','ぶどう']
fruits.pop(1)
fruits.pop(3)
print(fruits)
```

例 言葉のリストの末尾に要素を追加して「しりとり」を終わらせます。

```
words = ['リンゴ','ゴリラ','ラッパ']
words.append('パソコン')
print(words)
```

```
['リンゴ', 'ゴリラ', 'ラッパ', 'パソコン']
```

リスト.append（値）として、末尾に要素を追加します。

例 言葉のリストに要素を挿入して「しりとり」を完成させます。

```
words = ['リンゴ','ゴリラ','パイナップル']
words.insert(2,'ラッパ')
print(words)
```

```
['リンゴ', 'ゴリラ', 'ラッパ', 'パイナップル']
```

リスト.insert(インデックス,値) として、インデックスの位置に値を挿入します。指定したインデックス以降は1つずつ番号が大きくなります。

Q6 練習問題

言葉のリストを操作して「しりとり」を完成させます。実行する前にエラーを見つけてみましょう。

```
words = ['リンゴ','ラジオ','ゴリラ','オットセイ']
radio = words.pop(1)
words.insert(3,radio)
print(words)
```


例 表のようなテスト結果があります。生徒1の国語と英語の得点を表示します。

	国語	英語
生徒1	81	64
生徒2	72	87
生徒3	95	89

```
data = [[81,64],[72,87],[95,89]]
print(data[0][0])
print(data[0][1])
```

```
81
64
```

data = [[81,64],[72,87],[95,89]] は、リストの中にリストがある2次元リストと呼ばれるものです。次のように見ると、わかりやすいでしょう。

```
data = [
  [81,64],
  [72,87],
  [95,89]
]
```

data[0] が最初のリスト [81,64] となるので、data[0][0] が最初の要素81となります。
2次元リストは、プログラミングを行うときのデータとして、よく利用されます。
行と列の順番を間違いやすいので注意しましょう。

Q7 練習問題

上の例のデータで、生徒3の英語の得点を91点に修正します。実行する前にエラーを見つけてみましょう。

```
data = [[81,64],[72,87],[95,89]]
data[1][2] = 91
print(data)
```

2-4 練習問題の解答

A1 練習問題の解答

20以下の素数のリスト（prime_number）から末尾の値（19）を表示します。実行する前にエラーを見つけてみましょう。

```
01: prime_number = [2,5,7,11,13,17,19]
02: print(prime_number[7])
```

実行するとIndexErrorが発生します。

IndexError: list index out of range は、リストのインデックスが範囲外になったという意味です。

2行目でエラーが発生していることがわかります。

```
01: IndexError                                Traceback (most recent call last)
02: <ipython-input-1-f5fda3e6fcf3> in <cell line: 2>()
03:       1 prime_number = [2,5,7,11,13,17,19]
04: ----> 2 print(prime_number[7])
05: 
06: IndexError: list index out of range
```

リスト型に対して、要素数を超えたインデックス値を指定した場合に発生します。

素数が7つ（要素数が7）なので、末尾番号を7と考えてしまいがちですが、インデックスは0から始まるので、末尾番号＝要素数－1となります。

正しいプログラム

```
01: prime_number = [2,5,7,11,13,17,19]
02: print(prime_number[6])
```

```
19
```

len関数は、リストの要素数や文字列の長さを取得する関数です。len関数を使って以下のように書くこともできます。末尾のインデックスは、len(prime_number)－1となります。

```
01: prime_number = [2,5,7,11,13,17,19]
02: print(prime_number[len(prime_number)-1])
```

```
19
```

len関数を使うと、次のようにリストが50までの素数に変わっても、末尾の素数を出力する2行目は変更する必要がありません。

```
01: prime_number = [2,5,7,11,13,17,19,23,29,31,37,41,43]
02: print(prime_number[len(prime_number)-1])
```

```
43
```

A2 練習問題の解答

変数（apple）の中から、動物の名前（きりん）を取り出して表示します。

```
apple = 'やきりんご'
print(apple[1:3])
```

```
きり
```

エラーメッセージは表示されませんが、実行すると「きりん」と表示させたいところ、「きり」と表示されています。

変数名[開始番号：終了番号]で文字列の一部を取り出すとき、終了番号のインデックスは取り出される値に含まれません。

正しいプログラム

```
apple = 'やきりんご'
print(apple[1:4])
```

```
きりん
```

A3 練習問題の解答

リンゴとバナナの値段を入力させて、合計金額を表示します。

```
apple = input('リンゴの値段はいくらですか？')
banana = input('バナナの値段はいくらですか？')
total = apple + banana
print('合計は' + total + '円です')
```

```
リンゴの値段はいくらですか？200
バナナの値段はいくらですか？100
合計は200100円です
```

エラーメッセージは表示されませんが、実行すると300円と表示されなければいけないところ、200100円と表示されています。

リンゴの値段200とバナナの値段100が文字列として結合されてしまうためです。

正しいプログラム

```
apple = input('リンゴの値段はいくらですか？')
banana = input('バナナの値段はいくらですか？')
total = int(apple) + int(banana)
print('合計は' + str(total) + '円です')
```

```
リンゴの値段はいくらですか？200
バナナの値段はいくらですか？100
合計は300円です
```

input関数でユーザーからの入力を受け付けることができますが、このとき変数に代入されるのは文字列であることに注意が必要です。

そこで、int関数を使って入力された文字列（この場合は数字です）を整数に変換し、合計（total）を求めます。しかし、合計（total）は整数なので、そのままでは文字列と結合できません。そのため、str関数を使って整数を文字列に変換してから結合し、出力します。

A4 練習問題の解答

スカイツリーのてっぺん（高さ634m）から鉄球を自由落下させたとき、地面に到達するときの速さを計算してみましょう。空気抵抗を無視した場合、落下した距離（高さ）h、重力加速度gとすると、速さvは、以下の公式で表されます。

$v = \sqrt{2gh}$（ただし、重力加速度gは、9.8m/s^{2}とします）

```
import math

g = 9.8
h = 634
v = math.sqrt(2gh)
print(v)
```

実行するとSyntaxErrorが発生します。

SyntaxError: invalid decimal literal は、変数名が数字で始まっているという意味です。

```
  File "<ipython-input-8-c124840e224f>", line 5
    v = math.sqrt(2gh)
                  ^
SyntaxError: invalid decimal literal
```

公式では、$\sqrt{2gh}$とかけ算の記号が省略されていますが、プログラムではかけ算の記号は省略できません。$2gh$が1つの変数と間違われたため、エラーとなりました。

正しいプログラム

```
import math

g = 9.8
h = 634
v = math.sqrt(2*g*h)
print(v)
```

```
111.47376372940855
```

A5 練習問題の解答

果物のリストから、仲間外れの要素を削除します。

```
01: fruits = ['リンゴ','キリン','バナナ','ウサギ','みかん','ぶどう']
02: fruits.pop(1)
03: fruits.pop(3)
04: print(fruits)
```

```
['リンゴ', 'バナナ', 'ウサギ', 'ぶどう']
```


1行目でのリストfruitsの要素は以下のように並んでいます。

2行目で「キリン」、3行目で「ウサギ」を削除しようとしましたが、うまくいきませんでした。

変数名	fruits					
インデックス	0	1	2	3	4	5
要素	リンゴ	キリン	バナナ	ウサギ	みかん	ぶどう

2行目で「キリン」を削除すると、リストfruitsは以下のようになっています。

「キリン」が削除されたことで、インデックスが1つずつずれて「ウサギ」のインデックスは2となります。

変数名	fruits				
インデックス	0	1	2	3	4
要素	リンゴ	バナナ	ウサギ	みかん	ぶどう

正しいプログラム

```
01: fruits = ['リンゴ','キリン','バナナ','ウサギ','みかん','ぶどう']
02: fruits.pop(1)
03: fruits.pop(2)
04: print(fruits)
```

```
['リンゴ', 'バナナ', 'みかん', 'ぶどう']
```

インデックスが小さい方から削除すると、それ以降のインデックスが変化します。そこで、インデックスが大きい方から指定すれば、最初のインデックスのまま削除できます。

その処理によってデータがどのように変化するのかを考えることと、処理の順序を考えることはとても深くつながっているのです。

```
01: fruits = ['リンゴ','キリン','バナナ','ウサギ','みかん','ぶどう']
02: fruits.pop(3)
03: fruits.pop(1)
04: print(fruits)
```

```
['リンゴ', 'バナナ', 'みかん', 'ぶどう']
```

A6 練習問題の解答

言葉のリストを操作して「しりとり」を完成させます。

```
01: words = ['リンゴ','ラジオ','ゴリラ','オットセイ']
02: radio = words.pop(1)
03: words.insert(3,radio)
04: print(words)
```

```
['リンゴ', 'ゴリラ', 'オットセイ', 'ラジオ']
```

1行目でのリストwordsの要素は以下のように並んでいます。

ラジオの位置が間違っていると考え、2行目でラジオをリストから削除します。

変数名	words			
インデックス	0	1	2	3
要素	リンゴ	ラジオ	ゴリラ	オットセイ

そして、3行目で「ラジオ」を「オットセイ」の前に挿入します。

ここで挿入位置を「オットセイ」のインデックスである3としていますが、ここに間違いがありました。

すでに、「ラジオ」は削除されているのでリストwordsは以下のようになっています。

挿入位置は「オットセイ」の前なので、2がインデックスになります。問題では挿入位置を3にしたので、末尾に挿入されてしまいました。

変数名	words		
インデックス	0	1	2
要素	リンゴ	ゴリラ	オットセイ

正しいプログラム

```
01: words = ['リンゴ','ラジオ','ゴリラ','オットセイ']
02: radio = words.pop(1)
03: words.insert(2,radio)
04: print(words)
```

```
['リンゴ', 'ゴリラ', 'ラジオ', 'オットセイ']
```

A7 練習問題の解答

上の例のデータで、生徒3の英語の得点を91点に修正します。

```
01: data = [[81,64],[72,87],[95,89]]
02: data[1][2] = 91
03: print(data)
```

実行するとIndexErrorが発生します。

IndexError: list assignment index out of range は、リストのインデックスが範囲外になったという意味です。

2行目でエラーが発生していることがわかります。

```
IndexError                                Traceback (most recent call last)
<ipython-input-40-f36b38ef5f9d> in <cell line: 2>()
      1 data = [[81,64],[72,87],[95,89]]
----> 2 data[1][2] = 91
      3 print(data)

IndexError: list assignment index out of range
```

二次元リストとインデックスの対応は以下のようになっているので、行と列のインデックスの指定が間違っています。[1][2]は列の範囲を超えているのでエラーになりました。

	国語	英語
生徒1	81	64
生徒2	72	87
生徒3	95	89

	列[0]	列[1]
行[0]	[0][0]	[0][1]
行[1]	[1][0]	[1][1]
行[2]	[2][0]	[2][1]

正しいプログラム

```
data = [[81,64],[72,87],[95,89]]
data[2][1] = 91
print(data)
```

```
[[81, 64], [72, 87], [95, 91]]
```

章末問題

2-1 二次方程式の解の公式

問題

二次方程式 $ax^2+bx+c=0$ の解を求めます。

解の公式 $x=\dfrac{-b\pm\sqrt{b^2-4ac}}{2a}$

```
a = 2
b = -7
c = 3
x1 = -b+sqrt(b*b-4*a*c)/2*a
x2 = -b-sqrt(b*b-4*a*c)/2*a
print(x1)
print(x2)
```

結果が出力されません。

ヒント

解の公式を使って二次方程式の解を求めてみましょう。

プログラムを実行すると、エラーメッセージが表示されるので、何を意味しているのかを確認しましょう。

プログラムを修正したら、実行し、出力結果を確認しましょう。

正しい解が出力されるように、プログラムの解の公式の計算部分を見直しましょう（間違いは2種類あります）。

A 解答

実行するとNameErrorが発生します。

NameError: name 'sqrt' is not defined は、'sqrt'が定義されていないという意味です。

4行目でエラーが発生していることがわかります。

```
NameError                                 Traceback (most recent call last)
<ipython-input-17-ad1247b3749d> in <cell line:4>()
      2 b = -7
      3 c = 3
----> 4 x1 = -b+sqrt(b*b-4*a*c)/2*a
      5 x2 = -b-sqrt(b*b-4*a*c)/2*a
      6 print(x1)

NameError: name 'sqrt' is not defined
```


平方根を求めるsqrt関数を使いますが、組み込み関数ではないので、mathモジュールのインポートが必要です。

$\sqrt{2}$ をmath.sqrt(2)のように使います。

```
import math

a = 2
b = -7
c = 3
x1 = -b+math.sqrt(b*b-4*a*c)/2*a
x2 = -b-math.sqrt(b*b-4*a*c)/2*a
print(x1)
print(x2)
```

```
12.0
2.0
```

計算結果が出力されました。

しかし、解は$x=\frac{1}{2}$または$x=3$なので、出力結果が間違っています。

解の公式とプログラムの計算部分をよく見比べてみましょう。

分子をまとめて分母でわり算する部分が間違っています。分子全体をカッコでくくります。

```
import math

a = 2
b = -7
c = 3
x1 = (-b+math.sqrt(b*b-4*a*c))/2*a
x2 = (-b-math.sqrt(b*b-4*a*c))/2*a
print(x1)
print(x2)
```

```
12.0
2.0
```

まだ正しい解になりません。

分母の2aでわり算する部分が2でわってaを分子にかけることになっています。分母全体をカッコでくくります。

```
import math

a = 2
b = -7
c = 3
x1 = (-b+math.sqrt(b*b-4*a*c))/(2*a)
x2 = (-b-math.sqrt(b*b-4*a*c))/(2*a)
print(x1)
print(x2)
```

```
3.0
0.5
```

ようやく正しい解になりました。

Point

標準で使える関数かを確認し、必要であればモジュールをインポートする

複雑な計算式は計算順序を確認する（特にわり算には気をつける）

章末問題

2-2 3つの数の最大値

Q 問題

入力した3つの数の最大値を求めます。

```
data = []
num_1 = input('1つめの数を入力してください(半角数字のみ)')
data.append(num_1)
num_2 = input('2つめの数を入力してください(半角数字のみ)')
data.append(num_2)
num_3 = input('3つめの数を入力してください(半角数字のみ)')
data.append(num_3)
data_max = max(data)
print(data_max)
```

次のように正しい結果のときと、正しくない結果のときがあります。

```
1つめの数を入力してください(半角数字のみ)6
2つめの数を入力してください(半角数字のみ)1
3つめの数を入力してください(半角数字のみ)3
6
```

```
1つめの数を入力してください(半角数字のみ)5
2つめの数を入力してください(半角数字のみ)23
3つめの数を入力してください(半角数字のみ)1
5
```

ヒント

max関数は、max(リスト)とすることで、リスト内の要素の最大値を求めることができます。

print(data)を最終行に追加して、入力した3つのデータを確認しましょう。

A 解答

print(data) を最終行に追加してから、再度結果を確認してみましょう。

```
1つめの数を入力してください(半角数字のみ)5
2つめの数を入力してください(半角数字のみ)23
3つめの数を入力してください(半角数字のみ)1
5
['5', '23', '1']
```

data = ['5', '23', '1'] ということは、リスト dataの各要素は文字列ということがわかります。

input関数で受け付けたデータは文字列になるのでしたね。文字列の大小は数値の大小と異なるので、正しい結果が表示されるときと、そうでないときがあるのです。

正しいプログラム

```
data = []
num_1 = input('1つめの数を入力してください(半角数字のみ)')
data.append(float(num_1))
num_2 = input('2つめの数を入力してください(半角数字のみ)')
data.append(float(num_2))
num_3 = input('3つめの数を入力してください(半角数字のみ)')
data.append(float(num_3))
data_max = max(data)
print(data_max)
```

```
1つめの数を入力してください(半角数字のみ)1.2
2つめの数を入力してください(半角数字のみ)3.6
3つめの数を入力してください(半角数字のみ)2.004
3.6
```

num_1の値をfloat関数を使って、浮動点小数に変換しています。整数のみの場合は、int関数でOKです。

Point

input関数で受け付けたデータは、文字列になる

章末問題

2-3 数字の削除

Q 問題

数のリストから素数でない数の12を削除します。

```
prime_number = [2,3,5,7,11,12,13,17,19,23,29,31,37,41,43]
prime_number.remove(5)
print(prime_number)
```

うまく削除ができません。

```
[2, 3, 7, 11, 12, 13, 17, 19, 23, 29, 31, 37, 41, 43]
```

ヒント

リストの削除には、removeとpopがあります。

どのような違いがあるのでしょうか。

A 解答

リストの削除にはremoveとpopがあります。

違いは、removeが引数の値をリストから見つけて削除するのに対して、popは引数のインデックスの値を削除することです

remove(値)に対して、pop(インデックス)です。

```
prime_number = [2,3,5,7,11,12,13,17,19,23,29,31,37,41,43]
prime_number.remove(12)
print(prime_number)
```

```
[2, 3, 5, 7, 11, 13, 17, 19, 23, 29, 31, 37, 41, 43]
```

```
prime_number = [2,3,5,7,11,12,13,17,19,23,29,31,37,41,43]
prime_number.pop(5)
print(prime_number)
```

```
[2, 3, 5, 7, 11, 13, 17, 19, 23, 29, 31, 37, 41, 43]
```

Point

removeは指定した値の削除、popは指定した位置の削除になる

column

目標はモチベーションを高める

何かを学ぶときに、目標があることはとても大切です。

私は中学校のとき、このアーチストのこの曲が弾きたいと思って、ギターを始めました。そして、1か月毎日練習してそれなりに弾けるようになり、それからいろいろな曲を練習しました。最初は、いろいろなアーチストの曲を弾いていただけでしたが、しばらくしたら、自分で作詞作曲したりもしました。最近では時々、あいみょんを弾いたりしています。

プログラミングでも、自分はこれを作りたいという目標があることは、とてもよいモチベーションになります。特にゲームは、作ったあとに自分で楽しめたり、友だちにやってもらったりできるのでよい目標になると思います。しかし、いきなりオリジナルを作るのではなく、まずはサンプルとなるゲームプログラムの真似をするとよいでしょう。そして、そのゲームを少しずつ改良するのです。このような経験を繰り返していくと、いずれ自分だけのオリジナルゲームも作れるようになるはずです。積み重ねた経験は確実に自分の力となり、将来にわたって使えるものとなるでしょう。

章末問題

2-4 リストの並び替え1

Q 問題

3つの数をリストに追加し、小さい順に並び替えます。

```
num_1 = input('1つめの数を入力してください(半角数字のみ)')
data.append(float(num_1))
num_2 = input('2つめの数を入力してください(半角数字のみ)')
data.append(float(num_2))
num_3 = input('3つめの数を入力してください(半角数字のみ)')
data.append(float(num_3))
data.sort()
print(data)
```

結果が出力されません。

ヒント

エラーメッセージが表示されるので、何を意味しているのか確認しましょう。

A 解答

実行するとNameErrorが発生します。

NameError: name 'data' is not defined は、'data'が定義されていないという意味です。

2行目でエラーが発生していることがわかります。

```
NameError                                 Traceback (most recent call last)
<ipython-input-1-588d1df00e4e> in <cell line: 2>()
      1 num_1 = input('1つめの数を入力してください(半角数字のみ)')
----> 2 data.append(float(num_1))
      3 num_2 = input('2つめの数を入力してください(半角数字のみ)')
      4 data.append(float(num_2))
      5 num_3 = input('3つめの数を入力してください(半角数字のみ)')

NameError: name 'data' is not defined
```

リストdataにnum_1の値を追加しようとしたところ、dataが定義されていないので、エラーとなりました。dataに空のリストを定義します。

```
data = []
num_1 = input('1つめの数を入力してください(半角数字のみ)')
data.append(float(num_1))
num_2 = input('2つめの数を入力してください(半角数字のみ)')
data.append(float(num_2))
num_3 = input('3つめの数を入力してください(半角数字のみ)')
data.append(float(num_3))
data.sort()
print(data)
```

```
1つめの数を入力してください(半角数字のみ)23
2つめの数を入力してください(半角数字のみ)56
3つめの数を入力してください(半角数字のみ)12
[12.0, 23.0, 56.0]
```

Point

空のリストは、リスト名=[]で定義する

章末問題

2-5 リストの並び替え2

Q 問題

元リストと同じ要素のリストを複製し、そのリストを並び替えます。

```
data = [23,52,64,78,12]
sorted_data = data
sorted_data.sort()
print(data)
print(sorted_data)
```

2つのリストともに並び替わっています。

```
[12, 23, 52, 64, 78]
[12, 23, 52, 64, 78]
```

ヒント

sorted_data = dataとリストを複製したのですが、ここに問題がありそうです。

A 解答

次のプログラムは、変数aの値を変数bに代入演算子（=）を使って代入し、その後、aの値を変更しています。

このとき、変数bの値は、変数aを変更した影響を受けていません。

```
a = 10
b = a
a = 20
print(a)
print(b)
```

```
20
10
```

問題のプログラムでは、2行目でリストdataをリストsorted_dataに代入演算子（=）を使って、代入しています。そして、3行目でsorted_dataをsortメソッドを使って昇順に並び替えています。

リストsorted_dataだけを並び替えたはずなのに、出力してみるとリストdataも並び替わってしまいました。

```
01: data = [23,52,64,78,12]
02: sorted_data = data
03: sorted_data.sort()
04: print(data)
05: print(sorted_data)
```

```
[12, 23, 52, 64, 78]
[12, 23, 52, 64, 78]
```

リストのすべての要素を複製するには、以下のようにcopyメソッドを使います。

```
data = [23,52,64,78,12]
sorted_data = data.copy()
sorted_data.sort()
print(data)
print(sorted_data)
```

```
[23, 52, 64, 78, 12]
[12, 23, 52, 64, 78]
```

Point

リストの複製はcopyメソッドを使う

CHAPTER 3 繰り返し

3-1 繰り返しの基本

プログラミングでは、決まった回数や条件を満たしている間は同じ処理を繰り返したりすることがよくあります。Pythonではfor文とwhile文を使うことができます。これを「反復構造」といいます。

for文を使う

for文は決められた回数を繰り返す処理を行う命令です。基本的なfor文の書き方は次のようになります。

```
01: for 変数 in 繰り返すオブジェクト :
02:     実行する処理1
03:     実行する処理2
04:     ...
```

for文を記述するときの注意点が2つあります。

- 末尾にコロン（:）が必要
- 2行目以降は、インデント（字下げ）が必要

2行目以降の同一のインデントしたところを「ブロック」と呼び、ブロック内の処理が繰り返されます。

```
01: for 変数 in 繰り返すオブジェクト :
02:     実行する処理1 ┐
03:     実行する処理2 ├ブロック
04:     実行する処理3 ┘
05: 実行する処理4
```

例 0〜4までの整数を表示します。

```
01: num = [0, 1, 2, 3, 4]
02: for i in num:
03:     print(i)
```

```
0
1
2
3
4
```

リスト型の変数numに0〜4までの整数が要素として入っています。

for i in num: とすることで、変数numのインデックスの小さい方から順番に要素がiに代入され、最後の要素まで繰り返されます。結果的にリストの要素数だけ処理が繰り返されることになります。

また、リストはnum = [0, 1, -1, 9]のように、数値が順に並んでいなくてもOKです。

例 文字列から1文字ずつ表示します。

```
apple = 'シナノゴールド'
for i in apple:
    print(i)
```

```
シ
ナ
ノ
ゴ
ー
ル
ド
```

文字列型の変数appleに'シナノゴールド'が入っています。

for i in apple: とすることで、変数appleの1文字目から順番に文字がiに代入され、末尾の文字まで繰り返されます。結果的に文字列の長さだけ処理が繰り返されることになります。

例 0〜9までの整数を表示します。

```
01: for i in range(10):
02:     print(i,end = ',')
```

```
0,1,2,3,4,5,6,7,8,9,
```

規則性がある数値のリスト型、例えば[0, 1, 2, 3, 4, 5, 6, 7, 8, 9]などは、要素の数が多くなるとすべて列挙して記述するのは手間がかかります。

range関数を使うと、連続した数値を要素として持つデータを簡単に作成できます。

具体例を示します。

- range(6)：0≦i<6の連番（i=0,1,2,3,4,5で6は含まれない）
- range(5,12)：5≦i<12の連番（i=5,6,7,8,9,10,11で12は含まれない）
- range(3,11,2)：3≦i<11の範囲で2ごとの整数値（i=3,5,7,9で11は含まれない）

2行目のprint関数のend = ','で、末尾の文字列をコンマ（,）に指定しています。

print(i)のようにendがない場合は改行されます。

Q1 練習問題

気合いだー！を10回表示します。実行する前にエラーを見つけてみましょう。

```
for i in range(10):
print('気合いだー!')
```

例 1から10までの和を求めます。

```
01: total = 0
02: for num in range(1,11):
03:     total = total + num
04: print(total)
```

```
55
```

3行目のtotal = total + numが初めて見る式の表し方なので、プログラムがどのように実行されるのか順を追って見ていきましょう。

1行目：total = 0　　totalの初期値は0

2行目：num = 1　　range(1,11)なので初期値は1

3行目：total = 1　　右辺total + numは0 + 1となり、その結果1が左辺totalに代入される

2行目に戻る：num = 2

3行目：total = 3　　右辺total + numは1 + 2となり、その結果3が左辺totalに代入される

2行目に戻る：

⋮

range(1,11)なのでnumが10まで繰り返す

total = total + numをtotal += numと書くこともできます。

＝の代入演算子に対して、＋＝は累算代入演算子の1つです。累算代入演算子には以下の4つがあります。

演算子	例	説明
+=	a += b	a = a + b と同じ
-=	a -= b	a = a - b と同じ
＊=	a ＊= b	a = a ＊ b と同じ
/=	a /= b	a = a / b と同じ

ところで、以下のようにプログラムを変更しましたが、結果は変わりません。

for num in range(11)なので、変数numは順に0,12,3…,9,10となります。

このプログラムを見た人は、（1〜10ではなく）0〜10までの和を求めていると考えるでしょう。

結果は同じであっても、プログラムは何をどう処理してほしいかを的確に伝えるものです。できる限り処理内容に忠実に記述することがエラー防止に有効です。

```
total = 0
for num in range(11):
    total = total + num
print(total)
```

```
55
```

Q2 練習問題

1から10までの積を求めます。実行する前にエラーを見つけてみましょう。

```
product = 0
for num in range(1,11):
    product = product * num
print(product)
```

例 2つのリストの要素を組み合わせた言葉を表示します。

```
text_1 = ['あ','い','う']
text_2 = ['き','く']
for i in text_1:
    for j in text_2:
        print(i+j)
```

```
あき
あく
いき
いく
うき
うく
```

このプログラムは、1つめのfor文のブロック内に2つめのfor文がある「ネスト構造」と呼ばれるものです。

```
for 変数1 in 繰り返すオブジェクト :    1つめのfor文
    for 変数2 in 繰り返すオブジェクト :    2つめのfor文  } 1つめのfor文の中で
        実行する処理1 } 2つめのfor文の中で                  実行するブロック
        実行する処理2 } 実行するブロック
        ...
```

Q3 練習問題

1の段から9の段までの九九を順に表示します。実行する前にエラーを見つけてみましょう。

```
for i in range(9):
    for j in range(9):
        print(str(i) + '×' + str(j) + '=' + str(i*j))
```

while文を使う

while文は、条件式が真（True）の間、処理を繰り返し行う命令です。基本的なwhile文の書き方は次のようになります。

```
01: while 条件式 :
02:     条件式が真(True) のとき実行する処理1
03:     条件式が真(True) のとき実行する処理2
04:     ...
```

while文を記述するときの注意点は、for文と同様です。

- 末尾にコロン（：）が必要
- 2行目以降は、インデント（字下げ）が必要

2行目以降の同一のインデントしたところを「ブロック」と呼び、条件式が成り立つ（真：True）のときブロック内の処理が繰り返されます。

例 0〜9までの整数を表示します。

```
01: i = 0
02: while i < 10:
03:     print(i,end=',')
04:     i += 1
```

```
0,1,2,3,4,5,6,7,8,9,
```

変数iの初期値は0です。2行目の条件式 i < 10が真（True）なので、3行目で0が表示され、4行目でiが＋1されて、i = 1となります。

4行目が実行されると、2行目に戻り、再度、条件式 i < 10（True）と判定され、3・4行目が実行されます。

このような処理を繰り返し、i = 10のとき、条件式 i < 10（False）と判定され、whie文の繰り返しが終わります。

>を比較演算子といいます。Pythonでは、以下の比較演算子を使うことができます。

小なり	<
大なり	>
以下	<=
以上	>=
等しい	==
等しくない	!=

Q4 練習問題

1　2　3　ダー！　を1行ずつ表示します。実行する前にエラーを見つけてみましょう。

```
i = 1
while i < 4:
    print(i)
    i += 1
    print('ダー!')
```


Q5 練習問題

数を順に増やしていき、2になったら終了します。実行する前にエラーを見つけてみましょう。

```
num = 0
while num != 2:
    num = num + 0.1
    print(num)
```

例　2の累乗を計算し、1000未満まで表示します。

```
result = 2
while result < 1000:
    print(result,end=',')
    result *= 2
```

```
2,4,8,16,32,64,128,256,512,
```

前ページの0〜9までの整数を表示するプログラムは、以下のようにfor文を使って書くこともできます。

```
for i in range(10):
    print(i,end=',')
```

```
0,1,2,3,4,5,6,7,8,9,
```

しかし、2の累乗を計算し1000未満まで表示するプログラムは、for文を使って記述できません。1つ1つ計算しなければ、事前に何回繰り返せばよいのかがわからないからです。

for文は繰り返す回数がわかっている場合、while文は繰り返す回数はわからないが繰り返す条件がわかっている場合と使い分けましょう。

3-2 練習問題の解答

A1 練習問題の解答

気合いだー！を10回表示します。

```
01: for i in range(10):
02: print('気合いだー!')
```

実行するとIndentationErrorが発生します。

IndentationError: expected an indented block はfor文の中で実行される処理が正しくインデント（字下げ）されていないということです。

2行目でエラーが発生していることがわかります。

```
  File "<ipython-input-5-8d87bbae692d>", line 2
    print('気合いだー!')
        ^
IndentationError: expected an indented block after 'for' statement on line 1
```

以下のように、print関数を字下げして記述します。

正しいプログラム

```
for i in range(10):
    print('気合いだー!')
```

```
気合いだー!
気合いだー!
気合いだー!
気合いだー!
気合いだー!
気合いだー!
気合いだー!
気合いだー!
気合いだー!
気合いだー!
```

Python以外の例えばJavaScripでは次ページのように様々な書き方ができ、どの書き方でも同様に動作します。そのため、プログラマーによって書き方の違いが生じやすく、他人が作ったプログラムがわかりにくいという欠点があります。

Pythonは書き方に制限がある分、誰が見てもわかりやすいという長所があるのです。

■JavaScript

```
for(i = 0;i < 10 ;i++){
    hogehoge();
}

for(i = 0;i < 10 ;i++)
{
    hogehoge();
}

for(i = 0;i < 10 ;i++)
{
hogehoge();
}

for(i = 0;i < 10 ;i++){ hogehoge(); }

```

A2 練習問題の解答

1から10までの積を求めます。

```
product = 0
for num in range(1,11):
    product = product * num
print(product)
```

```
0
```

for num in range(1,11)なので、変数numは順に1,2,3・・・,9,10となり、0や11は含まれません。
1〜10までの整数を処理するという点は間違っていないようです。
結果が0になってしまうのは、変数productの初期値が0のためです。
0には何をかけても0になってしまいます。
この場合、変数productの初期値は1でなければなりません。

正しいプログラム

```
product = 1
for num in range(1,11):
    product = product * num
print(product)
```

```
3628800
```

product = product ＊ numは、累算代入演算子を使って、product ＊= numと記述できます。

A3 練習問題の解答

1の段から9の段までの九九を順に表示します。

```
for i in range(9):
    for j in range(9):
        print(str(i) + 'x' + str(j) + '=' + str(i*j))
```

```
0×0=0
0×1=0
0×2=0
  (略)
8×6=48
8×7=56
8×8=64
```

range(9)は0がスタートになるので、0の段から表示されてしまいます。

range(1,10)として、iとjを1から9まで変化させる方法と、print関数の中でiとjを+1する方法があります。どちらがわかりやすいでしょうか。

正しいプログラム

```
for i in range(1,10):
    for j in range(1,10):
        print(str(i) + 'x' + str(j) + '=' + str(i*j))
```

```
for i in range(9):
    for j in range(9):
        print(str(i+1) + 'x' + str(j+1) + '=' + str((i+1)*(j+1)))
```

```
1×1=1
1×2=2
1×3=3
  (略)
9×7=63
9×8=72
9×9=81
```

A4 練習問題の解答

１ ２ ３ ダー！ を１行ずつ表示します。

```
i = 1
while i < 4:
    print(i)
    i += 1
    print('ダー!')
```

```
1
ダー!
2
ダー!
3
ダー!
```

「ダー！」の表示は最後だけのはずですが、３回繰り返されています。

これは、print('ダー！')がインデントされて、for文のprint(i)と同一のブロックと判断されたためです。

正しいプログラム

```
i = 1
while i < 4:
    print(i)
    i += 1
print('ダー!')
```

```
1
2
3
ダー!
```

column

Pythonの名前の由来は？

Pythonは、オランダ人のグイド・ヴァンロッサム氏によって1991年に発表されたプログラミング言語です。Pythonを用いて開発されたウェブサービスには「YouTube」や「Instagram」があります。

最近では機械学習や人工知能（AI）の分野で注目を浴びており、学ぶ人が多いプログラミング言語の１つです。

Pythonは「ニシキヘビ」という意味で、ロゴもヘビのアイコンが使われているので、名前の由来はヘビと考えてしまいがちですが、実際は違うようです。開発者のグイド氏がイギリスのコメディ番組『Monty Python's Flying Circus（空飛ぶモンティ・パイソン）』が好きだったことが由来のようです。

A5 練習問題の解答

数を順に増やしていき、2になったら終了します。

```
num = 0
while num != 2:
    num = num + 0.1
    print(num)
```

小数の計算では誤差が生じるので、ピッタリ2になりません。

Decimal関数を使って正確な値を求めます。

正しいプログラム

```
from decimal import Decimal

num = 0
while num != 2:
    num = num + Decimal('0.1')
    print(num)
```

```
0.1
0.2
(略)
1.9
2.0
```

誤差が生じた状態でもプログラムが停止できるようにするには、判定の条件を大なり（>）や小なり（<）を使うとよいでしょう。

```
num = 0
while num < 2:
    num = num + 0.1
    print(num)
```

```
0.1
0.2
0.30000000000000004
  (略)
1.8000000000000005
1.9000000000000006
2.0000000000000004
```

章末問題 3-1 1〜19までの奇数の和

Q 問題

1〜19までの奇数（1,3,5,7,9,11,13,15,17,19）の和を求めます。

```
total = 0
for num in range(10):
    odd = 2 * num + 1
total = total + odd
print(total)
```

計算結果が正しくありません。

```
19
```

ヒント

紙に計算したり電卓を使うなどして、1+3+5+7+9+11+13+15+17+19を求めてみましょう。
プログラムを実行して、どのように結果が表示されるか確認してみましょう。
表示される結果から、原因を考えてみましょう。

A 解答

for文では、条件によって複数の命令を実行できます。

このとき、どこからどこまでの文を実行するのかを示すのがブロックです。

Python以外のプログラミング言語ではブロックを { から } までのように定義することが多いのですが、Pythonのfor文ではインデントによって、どこからどこまでの文を実行するのかが決まります。

そのため、インデントの数が違うと別のブロックと判断されて、エラーメッセージが表示されたり、思った結果が得られないことになります。

■ Python

```
for 文:
    処理1
    処理2
処理3    ←  同一のブロックと判断されない
```

```
for 文:
    処理1
    処理2
  処理3    ←  エラーメッセージIndentationErrorが表示される
```

■ JavaScript

```
for 文{
    処理1
    処理2
}
処理3    ←  { } 外なので同一のブロックではない
```

odd = 2 * num + 1とtotal = total + oddを同じブロックにしなければならないので、以下のようにインデントを揃えます。

```
total = 0
for num in range(10):
    odd = 2 * num + 1
    total = total + odd
print(total)
```

```
100
```

Point

for文では、インデントでブロックを意識する

章末問題

3-2 1〜10000までの積（10000!）

問題

1〜1000までの積（10000!、10000の階乗）を求めます。

```
product = 1
for num in range(1, 10001):
    product = product * num
print(product)
```

結果が表示されません。

ヒント

エラーメッセージが表示されるので、何を意味しているのか確認しましょう。

A 解答

実行するとValueErrorが発生します。

ValucError: Exceeds the limit (4300) for integer string conversion は、整数文字列変換の制限（4300文字）を超えているという意味です。

4行目でエラーが発生していることがわかります。

```
ValueError                                Traceback (most recent call last)
<ipython-input-3-47f01b039541> in <cell line: 4>()
      2 for num in range(1,10001):
      3     product = product * num
----> 4 print(product)

ValueError: Exceeds the limit (4300) for integer string conversion; use
sys.set_int_max_str_digits() to increase the limit
```

Pythonでは、print関数で数を出力するときに文字列に置き換えていて、4300文字を超えるような整数はエラーとなります。つまり、10000!は4300桁を越えたということです。

mathモジュールを使っても階乗を計算できますが、出力するときに同様にエラーになります。

```
import math

print(math.factorial(10000))
```

math.factorial(10000)の計算結果が大きくなりすぎて桁あふれを起こしているわけではありません。試しに次のような計算を行ってみると、math.factorial(10000)がきちんと計算できていることがわかります。

あくまで、print関数で大きな整数を表示できないと考えるとよいでしょう。

```
import math

a = math.factorial(10000)
b = math.factorial(9999)
print(a/b)
```

```
10000.0
```

Point

print関数では4300文字を超える文字列は表示できない

章末問題 3-3 文字列の逆転

Q 問題

次のように、文字列の順序を逆転させます。

あいうえお → おえういあ

```
data = 'あいうえお'
reverse_data = ''
for i in range(5,1,-1):
    reverse_data = reverse_data + data[i]
print(reverse_data)
```

結果が表示されません。

ヒント

エラーメッセージが表示されるので、何を意味しているのか確認しましょう。

A 解答

実行するとIndexErrorが発生します。

IndexError: string index out of range は、文字列インデックスが範囲外になったという意味です。4行目でエラーが発生していることがわかります。

```
01: IndexError                                Traceback (most recent call last)
02: <ipython-input-14-23184ccfe281> in <cell line: 3>()
03:       2 reverse_data = ''
04:       3 for i in range(5,1,-1):
05: ----> 4     reverse_data = reverse_data + data[i]
06:       5 print(reverse_data)
07:
08: IndexError: string index out of range
```

Pythonでは、文字列が入っている変数data='あいうえお' から data[3] のようにして1文字ずつ取得できます。このとき、data[3] は 'う' ではなく、'え' となることに注意が必要です。

インデックスは0から始めるので、data[4] = 'お' となります。問題では iの開始値が5で本来ないはずのインデックス5つまりdata[5]が指定されたのでエラーとなりました。

また、終了値が 1 のとき、i = 2 となります。i = 0 になるように終了値を -1 に変更します。

正しいプログラム

```
01: data = 'あいうえお'
02: reverse_data = ''
03: for i in range(4,-1,-1):
04:     reverse_data = reverse_data + data[i]
05: print(reverse_data)
```

```
おえういあ
```

ちなみに、文字列を変えても対応できるようにするには、len関数を使います。

また、reverse_data = reverse_data + data[i] は reverse_data += data[i] と書くこともできます。

```
01: data = 'あいうえおかきくけこ'
02: reverse_data = ''
03: for i in range(len(data)-1,-1,-1):
04:     reverse_data += data[i]
05: print(reverse_data)
```

```
こけくきかおえういあ
```

Point

インデックス番号の最大値 = 文字列の長さ − 1

章末問題

3-4 九九を表示

Q 問題

1の段から9の段までの九九を順に表示します。

結果が表示されません。

```
for i in range(9):
    for j in range(9):
    print(str(i+1) + 'x' + str(j+1) + '=' + str((i+1)*(j+1)))
```

ヒント

エラーメッセージが表示されるので、何を意味しているのか確認しましょう。

A 解答

実行するとIndentationErrorが発生します。

IndentationError: expected an indented block はfor文の中で実行される処理が正しくインデントされていないということです。

3行目でエラーが発生していることがわかります。

```
01:   File "<ipython-input-1-9721639c1f46>", line 3
02:     print(str(i+1) + 'x' + str(j+1) + '=' + str((i+1)*(j+1)))
03:     ^
04: IndentationError: expected an indented block after 'for' statement on line 2
```

for文が2重になっています。print関数は2つめのfor文の中で実行する処理にもかかわらず、2つめのforに対してインデントされていないのでエラーになります。

```
01: for i in range(9):
02:     for j in range(9):
03:         print(str(i+1) + 'x' + str(j+1) + '=' + str((i+1)*(j+1)))
```

```
1×1=1
1×2=2
1×3=3
  (略)
9×7=63
9×8=72
9×9=81
```

Point

for文では、インデントでブロックを意識する

章末問題

3-5 リストの要素を逆順に表示

Q 問題

リストの要素を逆順に表示します。

```
fruits = ['リンゴ','バナナ','みかん','ぶどう']
for i in range(4,1,-1):
    print(fruits[i])
```

結果が表示されません。

ヒント

エラーメッセージが表示されるので、何を意味しているのか確認しましょう。

A 解答

実行するとIndexErrorが発生します。

IndexError: list index out of range は、リストのインデックスが範囲外になったという意味です。3行目でエラーが発生していることがわかります。

```
IndexError                                Traceback (most recent call last)
<ipython-input-17-2dc6c8e2ed21> in <cell line: 2>()
      1 fruits = ['リンゴ','バナナ','みかん','ぶどう']
      2 for i in range(4,1,-1):
----> 3     print(fruits[i])

IndexError: list index out of range
```

インデックスの指定が範囲を超えています。'ぶどう'のインデックスは3です。リンゴのインデックスは0で、1ずつ減らすので、range(start , stop ,step) が range(3 , -1 ,-1)となります。

```
fruits = ['リンゴ','バナナ','みかん','ぶどう']
for i in range(3,-1,-1):
    print(fruits[i])
```

```
ぶどう
みかん
バナナ
リンゴ
```

リストの逆順表示は、ほかにもいろいろな書き方ができます。それぞれ見比べてみましょう。

```
fruits = ['リンゴ','バナナ','みかん','ぶどう']
for i in range(4):
    print(fruits[3-i])
```

```
fruits = ['リンゴ','バナナ','みかん','ぶどう']
for i in reversed(range(4)):
    print(fruits[i])
```

```
fruits = ['リンゴ','バナナ','みかん','ぶどう']
fruits.reverse()
for i in range(4):
    print(fruits[i])
```

```
fruits = ['リンゴ','バナナ','みかん','ぶどう']
fruits.reverse()
for i in fruits:
    print(i)
```

Point

インデックス番号の最大値 = 要素数 − 1

章末問題

3-6 リストの要素を合計

Q 問題

表のようなテスト結果を示すリストがあります。
各生徒の国語と英語の得点を合計して表示します。
正しい値が表示されません。

	国語	英語
生徒1	81	64
生徒2	72	87
生徒3	95	89

```
data = [[81,64],[72,87],[95,89]]
total = 0
for i in range(3):
    for j in range(2):
        total += data[i][j]
    print(print('生徒' + str(i+1) + ' = ' + str(total))
```

```
生徒1 = 145
生徒2 = 304
生徒3 = 488
```

ヒント

生徒1の合計は正しいのですが、生徒2と生徒3では間違っています。

A 解答

各生徒の合計得点は以下の表のようになります。

問題の出力結果をみると、各生徒の合計得点が累積されています。

変数totalの初期化がうまくいっていません。

total = 0 を 1つめのfor文のブロックに入れることで、それぞれの生徒ごとにtotalが初期化されるようになります。

	国語	英語	合計
生徒1	81	64	145
生徒2	72	87	159
生徒3	95	89	184

```
data = [[81,64],[72,87],[95,89]]
for i in range(3):
    total = 0
    for j in range(2):
        total += data[i][j]
    print(print('生徒' + str(i+1) + ' = ' + str(total))
```

```
生徒1 = 145
生徒2 = 159
生徒3 = 184
```

Point

2重のfor文ループの中での変数の初期化に気をつける

章末問題 3-7

入力した自然数の和

Q 問題

自然数の和を求めます（0が入力されたら終了します）。

エラーになって、入力ができません。

```
total = 0
while num != 0:
    num = input('自然数を入力してください')
    total = total + num
print(total)
```

ヒント

エラーメッセージが表示されるので、何を意味しているのか確認しましょう。

続いて、エラーメッセージが表示されないように、プログラムを修正しましょう（2種類の間違いがあります）。

最後に、プログラムを実行して次のことを確認しましょう。

- 入力した自然数の和が正しいか否か
- 0を入力して終了するか否か

A 解答

実行するとNameErrorが発生します。

NameError: name 'num' is not defined は、'num'が定義されていないという意味です。

while文の前に、最初の入力を初期値とするプログラムを次のように追加して実行してみましょう。

```
01: total = 0
02: num = input('自然数を入力してください')
03: while num != 0:
04:     num = input('自然数を入力してください')
05:     total = total + num
06: print(total)
```

```
自然数を入力してください3
自然数を入力してください5
---------------------------------------------------------------------------
TypeError                                 Traceback (most recent call last)
<ipython-input-1-54a658736413> in <cell line: 3>()
      3 while num != 0:
      4     num = input('自然数を入力してください')
----> 5     total = total + num
      6 print(total)

TypeError: unsupported operand type(s) for +: 'int' and 'str'
```

実行して、自然数を入力するとTypeErrorが発生します。

TypeError: unsupported operand type(s) for +: 'int' and 'str' は、'+'という演算記号は、int型とstr型の計算には使えないという意味です。

input関数で入力された変数numはstr型（文字列）、totalはint型（整数）なので、このままでは計算できません。numをint関数で整数に変換しましょう。

```
01: total = 0
02: num = input('自然数を入力してください')
03: while num != 0:
04:     num = input('自然数を入力してください')
05:     total = total + int(num)
06: print(total)
```

プログラムを実行して動作を確認しましょう。

エラーが発生しなくなりましたが、0を入力しても終了してくれません。

while num != 0 は、変数numが0（整数）ではない間繰り返すということです。

変数numは文字列なので、文字列0と整数0とは一致せず、終了しません。

3行目を次のように修正して、実行してみましょう。

```
01: total = 0
02: num = input('自然数を入力してください')
03: while num != '0':
```

```
    num = input('自然数を入力してください')
    total = total + int(num)
print(total)
```

```
自然数を入力してください1
自然数を入力してください2
自然数を入力してください3
自然数を入力してください0
5
```

0で終了できましたが、入力した自然数の和が正しくありません。別の自然数で試してみましょう。

```
自然数を入力してください2
自然数を入力してください3
自然数を入力してください4
自然数を入力してください0
7
```

最初に入力した自然数が加算されていないようです。

input関数が連続するので、最初の入力値が2回目の入力値に上書きされてしまうためです。

値を入力する部分と和を求める部分の順序を入れ替えます。

正しいプログラム

```
total = 0
num = input('自然数を入力してください')
while num != '0':
    total = total + int(num)
    num = input('自然数を入力してください')
print(total)
```

正しい和が表示されるようになりました。

```
自然数を入力してください3
自然数を入力してください4
自然数を入力してください5
自然数を入力してください0
12
```

ちなみに、この解答では、numが小数か負の数かなどの判定は行っていません。

これらの判定の仕方を考えてみましょう。

Point

変数は必ず初期化する

演算や比較する変数の型は一致させる

章末問題

3-8 フィボナッチ数列

Q 問題

フィボナッチ数列を1000になるまで表示します。

■フィボナッチ数列

初項＝1、第2項＝1で、第3項以降は、前の2項の和となっている以下のような数列のことです。

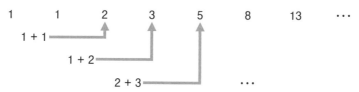

1　1　2　3　5　8　13　…

1 + 1 → 2

1 + 2 → 3

2 + 3 → 5

…

```
num_1 = 1
num_2 = 1
print(num_1,end=',')
print(num_2,end=',')
total = 0
while total > 1000:
    total = num_1 + num_2
    print(total,end=',')
    num_2 = total
    num_1 = num_2
```

```
1,1,
```

途中までしか表示されません。

ヒント

論理エラーが2つあります。

最初の出力結果からwhile文の条件文を確認しましょう。

プログラムを実行すると、num_1、num_2、totalの値がどのように変化するのかを、紙に書くなどして確認してみましょう。

Ⓐ 解答

初項と第2項しか表示されていないので、while文の条件式が間違っている可能性が高いです。

while 条件文：は条件文が真（True）の間、繰り返すので、total = 0のとき、total > 1000 は偽（Flase）となり、while文のブロックが1度も実行されていないことがわかります。

そこで、while total < 1000：として実行してみましょう。

```
num_1 = 1
num_2 = 1
print(num_1,end=',')
print(num_2,end=',')
total = 0
while total < 1000:
    total = num_1 + num_2    ❶
    print(total,end=',')
    num_2 = total    ❷
    num_1 = num_2    ❸
```

```
1,1,2,4,8,16,32,64,128,256,512,1024,
```

第3項までは正しい値ですが、第4項からは正しい値ではありません。

項を求めるところが間違っているようです。

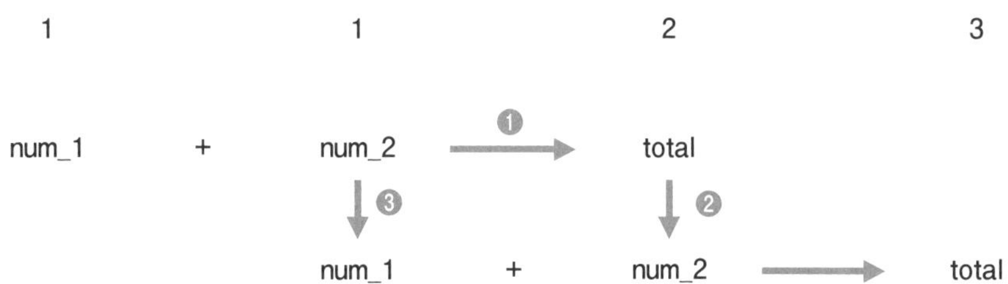

処理の順序は❶❷❸です。1つ前のnum_2の値を新しいnum_1に代入しなければならないのですが、❷の処理が先に実行されるので、totalの値が先にnum_2に代入されてしまっています。

つまり、この場合、❷と❸の順序が逆にならなくてはいけません。

```
num_1 = 1
num_2 = 1
print(num_1,end=',')
print(num_2,end=',')
total = 0
while total < 1000:
    total = num_1+ num_2    ①
    print(total,end=',')
    num_1 = num_2   ③
    num_2 = total   ②
```

```
1,1,2,3,5,8,13,21,34,55,89,144,233,377,610,987,1597,
```

1000になるまでということで、条件文をtotal < 1000 としましたが、1597まで表示されています。

これは、①のtotalを求める式がprint文よりも先にあるためです。では、①とprint文の順序を入れ替えればよいかというと実はそう簡単ではありません。考えてみてください。

Point

条件文を確認する

処理の順序に気をつける

CHAPTER

4

条件分岐

4-1 条件分岐の基本

プログラミングでは、ある条件が真（True）か偽（False）によって、どのような処理を行うかを決めることができます。これを条件分岐（あるいは選択構造）といいます。Pythonではif文が使えます。

if文を使う

条件式が真（True）のときに処理を行う、基本的なif文の書き方です。

```
if 条件式:
    条件式が真のとき実行する処理1
    条件式が真のとき実行する処理2
    …
```

条件式が真（True）のときの処理と偽（Flase）のときの処理を行う、基本的なif文の書き方です。

```
if 条件式:
    条件式が真のとき実行する処理
    …
else:
    条件式が偽のとき実行する処理
    …
```

if文を記述するときの注意点が3つあります。

- ifとelseの末尾にコロン（：）が必要になる
- ifとelseのインデントは揃える
- ifとelseの以降は、インデントする

条件式では以下の比較演算子を使うことができます。

小なり	<
大なり	>
以下	<=
以上	>=
等しい	==
等しくない	!=

例 数が100より小さいかを判定します。

```
num = 25
if num < 100:
    print('100より小さい数です')
```

```
100より小さい数です
```

例 数が100より小さいか、そうでないか（100以上か）を判定します。変数numの値を変えて実行してみましょう。

```
num = 120
if num < 100:
    print('100より小さい数です')
else:
    print('100以上の数です')
```

```
100以上の数です
```

条件式 num < 100が真（True）の場合と偽（False）の場合の数の範囲は以下のようになります。

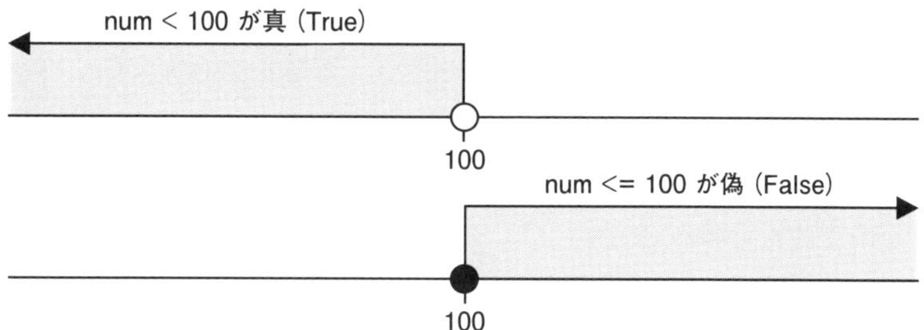

Q1 練習問題

入力された数が100と一致するか否かを判定します。実行する前にエラーを見つけてみましょう。

```
num = input('整数を入力してください')
if num == 100:
    print('入力した数は100です')
else:
    print('入力した数は100ではありません')
```

複数の条件式を使う書き方を示します。

```
if 条件式1:
    条件式1が真のとき実行する処理
elif 条件式2:
    条件式1が偽で条件式2が真のとき実行する処理
elif 条件式3:
    条件式1および条件式2が偽で条件式3が真のとき実行する処理
else:
    すべての条件式が偽のとき実行する処理
```

elifは必要な数だけ記述できます。elseはなくてもOKです。

例 3の倍数を判定します。

```
num = input('0より大きい自然数を入れてね')
if int(num) == 3:
    print('3の倍数です')
elif int(num) == 6:
    print('3の倍数です')
elif int(num) == 9:
    print('3の倍数です')
else:
    print('3の倍数ではありません')
```

elifはいくつでも記述できますが、1つ1つ3の倍数を判定していたのでは、無限の数のelifが必要になります。

3の倍数は3で割ると余りが0になる性質を使えば、どんな数でも3の倍数かどうかを判定できます。

割った余りを求めるには 剰余演算子（%）を使います 。

21は3で割り切れるので 21 % 3 = 0、22は3で割ると余りが1なので22 % 3 = 1 となります。

ちなみに、商を求めるには // を使います。22 // 3 = 7 となります。

```
num = input('0より大きい自然数を入れてね')
if int(num) % 3 == 0:
    print('3の倍数です')
else:
    print('3の倍数ではありません')
```

Q2 練習問題

入力された西暦から干支を判定します。次のif文を使ったプログラムを、リストと剰余演算子を使って書き換えましょう。

```
year = input('西暦何年生まれですか？')

if int(year) % 12 == 0:
    animal = '申(さる)'
elif int(year) % 12 == 1:
    animal = '酉(とり)'
elif int(year) % 12 == 2:
    animal = '戌(いぬ)'
elif int(year) % 12 == 3:
    animal = '亥(いのしし)'
elif int(year) % 12 == 4:
    animal = '子(ねずみ)'
```

```
elif int(year) % 12 == 5:
    animal = '丑(うし)'
elif int(year) % 12 == 6:
    animal = '寅(とら)'
elif int(year) % 12 == 7:
    animal = '卯(うさぎ)'
elif int(year) % 12 == 8:
    animal = '辰(たつ)'
elif int(year) % 12 == 9:
    animal = '巳(へび)'
elif int(year) % 12 == 10:
    animal = '午(うま)'
elif int(year) % 12 == 11:
    animal = '未(ひつじ)'

print(animal)
```

```
西暦何年生まれですか？2005
酉(とり)
```


ヒント

```
year = input('西暦何年生まれですか？')
animal =['申(さる)','酉(とり)','戌(いぬ)','亥(いのしし)','子(ねずみ)','丑(うし)',
         '寅(とら)','卯(うさぎ)','辰(たつ)','巳(へび)','午(うま)','未(ひつじ)']
animal_num =      ❶
print(      ❷      )
```

例 アトラクションの利用制限を判定します。
身長（height）が110未満の場合か195より高い場合には、利用できません。
変数heightの値を変えて実行してみましょう。

```
height = 150
if height < 110:
    print('NG')
elif height > 195:
    print('NG')
else:
    print('OK')
```

```
OK
```

Q3 練習問題

アトラクションの利用制限を判定します。

年齢(age)が6歳以上の場合には利用できますが、65歳以上は利用できません。

実行する前にエラーを見つけてみましょう。変数ageの値を変えて実行してみましょう。

```
age = 15
if age >= 6:
    print('OK')
elif age >= 65:
   print('NG')
else:
   print('NG')
```

例 アトラクションの利用制限を判定します。

❶身長(height)が110以上かつ195以下の場合に、利用できます。

```
height = 200
if height >= 110 and height <= 195:
   print('OK')
else:
   print('NG')
```

```
NG
```

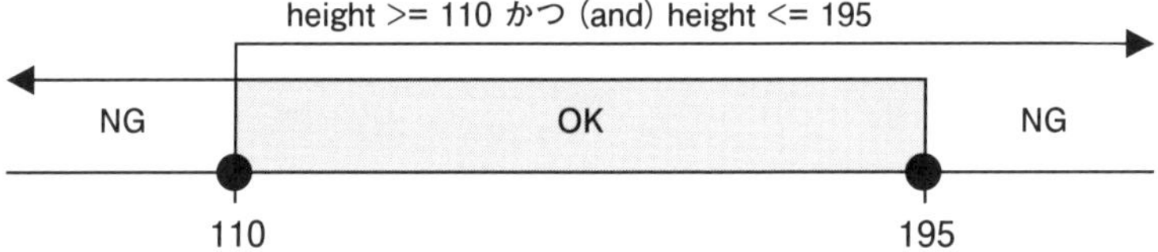

❷身長(height)が110未満の場合、または、195より高い場合には、利用できません。

```
height = 150
if height < 110 or height > 195:
   print('NG')
else:
   print('OK')
```

```
OK
```

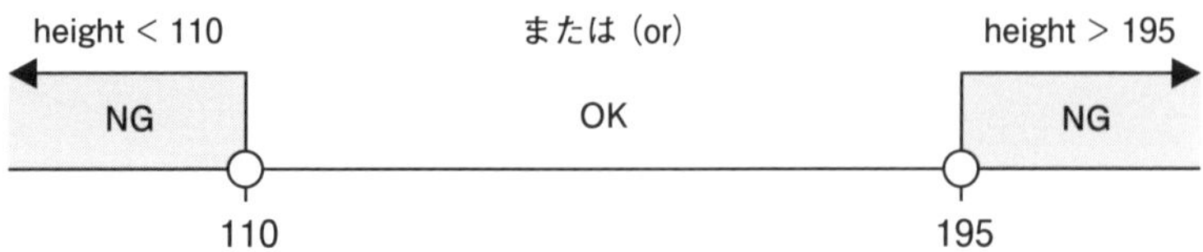

❶と❷は、全く同じ利用制限を判定しています。

❶は利用できる範囲（OK）が真かどうかをまず判定しているのに対して、❷は利用できない範囲（NG）が真かどうかを判定しています。

この例では、論理演算子のandとorを使って、複数の条件を判定しています。

- 「AかつB」は「A and B」と表します。集合では、$A \cap B$と表します。
- 「AまたはB」をプログラミングの条件式では「A or B」と表します。集合では、$A \cup B$と表します。

❶と❷の判定は、ド・モルガンの法則（$\overline{A \cap B} = \overline{A} \cup \overline{B}$）を使うと、以下のような関係になっていることがわかります。

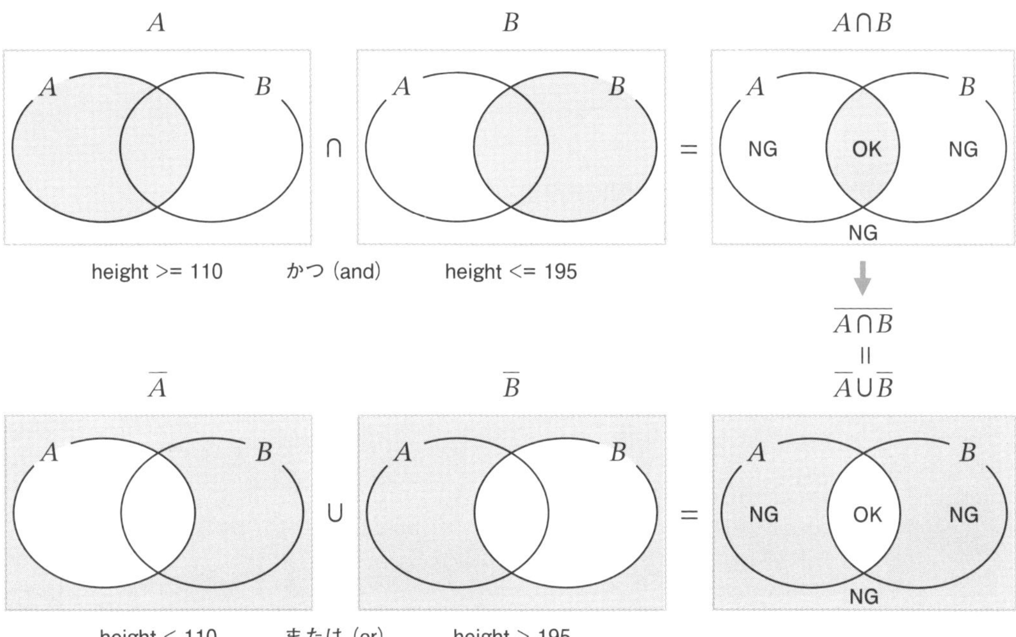

Q4 練習問題

アトラクションの利用制限を判定します。

年齢（age）が6歳未満、または、65歳以上は利用できません。

「または」を「かつ」の条件になるように変えて記述しましょう（$\overline{A \cup B} = \overline{A} \cap \overline{B}$）。

```
age = 15
if age < 6 or age >= 65:
    print('NG')
else:
    print('OK')
```

4-2 練習問題の解答

A1 練習問題の解答

入力された数が100と一致するか否かを判定します。

```
01: num = input('整数を入力してください')
02: if num == 100:
03:     print('入力した数は100です')
04: else:
05:     print('入力した数は100ではありません')
```

```
整数を入力してください100
入力した数は100ではありません
```

input関数で取得された値は文字列になります。

2行目の条件式の左辺numは文字列の'100'で、右辺は数値の100なので一致せず、偽(False)と判定されました。

データ型を一致させるようにします。右辺を文字列型にします。

```
num = input('整数を入力してください')
if num == '100':
    print('入力した数は100です')
else:
    print('入力した数は100ではありません')
```

```
整数を入力してください100
入力した数は100です
```

しかし、数の大小の判定はできません。

```
num = input('整数を入力してください')
if num < '100':
    print('入力した数は100より小さいです')
else:
    print('入力した数は100以上です')
```

```
整数を入力してください30
入力した数は100以上です
```

左辺を整数型にします。

```
num = input('整数を入力してください')
if int(num) == 100:
    print('入力した数は100です')
else:
    print('入力した数は100ではありません')
```

```
整数を入力してください100
入力した数は100です
```

数の大小の判定もできます。

正しいプログラム

```
num = input('整数を入力してください')
if int(num) < 100:
    print('入力した数は100より小さいです')
else:
    print('入力した数は100以上です')
```

```
整数を入力してください30
入力した数は100より小さいです
```


A2 練習問題の解答

入力された西暦から干支を判定します。if文を使ったプログラムを、リストと剰余演算子を使って書き換えましょう。

正しいプログラム

```
year = input('西暦何年生まれですか？')
animal =['申(さる)','酉(とり)','戌(いぬ)','亥(いのしし)','子(ねずみ)','丑(うし)',
          '寅(とら)','卯(うさぎ)','辰(たつ)','巳(へび)','午(うま)','未(ひつじ)']
animal_num = int(year) % 12
print(animal[animal_num])
```

```
西暦何年生まれですか？2007
亥(いのしし)
```

12の剰余とリストanimalのインデックスが対応するようにします。

このように剰余をうまく使うと、条件分岐の数を少なくできます。

A3 練習問題の解答

アトラクションの利用制限を判定します。

年齢（age）が6歳以上の場合には利用できますが、65歳以上は利用できません。

```
age = 15
if age >= 6:
    print('OK')
elif age >= 65:
    print('NG')
else:
    print('NG')
```

age = 15の場合には、OKと判定されますが、ほかの値のときはどうなるでしょうか。

age = 5の場合、NG　判定に間違いはありません。

age = 55の場合、OK　判定に間違いはありません。

age = 65の場合、OK　65歳以上で判定が間違っているようです。

if文では上の条件式から順番に評価が行われます。

2行目の条件式が評価されて真になると、次の4行目の条件式は評価されず、else文の処理に移ります。この場合、age = 65は2行目の条件式（age >= 6）が真となったため、3行目の処理（print('OK')）が実行されました。

複数条件を判定する場合には、判定順序を考える必要があります。

正しいプログラム

```
01:  age = 65
02:  if age >= 65:
03:      print('NG')
04:  elif age >= 6:
05:      print('OK')
06:  else:
07:      print('NG')
```

```
NG
```

A4 練習問題の解答

アトラクションの利用制限を判定します。

年齢（age）が6歳未満、または、65歳以上は利用できません。

「または」を「かつ」の条件になるように変えて記述しましょう。

```
01:  age = 15
02:  if age < 6 or age >= 65:
03:      print('NG')
04:  else:
05:      print('OK')
```

2行目の$A\ or\ B$を$\overline{A}\ and\ \overline{B}$に書き換えます。

Aは ageが6未満（age < 6）なので$\overline{A}$はageが6以上（age >= 6）です。

Bは ageが65以上（age >= 65）なので$\overline{B}$はageが65未満（age < 65）です。

ド・モルガンの法則を使って条件文を書き換えたことにより、真偽が逆になるので、3行目と5行目を入れ替えます。

正しいプログラム

```
01:  age = 15
02:  if age >= 6 and age < 65:
03:      print('OK')
04:  else:
05:      print('NG')
```

章末問題 4-1 100の判定

Q 問題

入力された数が100と一致するか否かを判定します。

```
num = input('整数を入力してください')
if int(num) = 100:
    print('入力した数は100です')
else:
    print('入力した数は100ではありません')
```

実行するとエラーが発生します。

ヒント

エラーメッセージが表示されるので、何を意味しているか確認しましょう。

A 解答

実行するとSyntaxErrorが発生します。

SyntaxError: cannot assign to function call here. は、ここでは関数（funtcion）の呼び出し（call）に代入（assign）できないという意味です。

2行目でエラーが発生していることがわかります。

さらに、Maybe you meant '==' instead of '='? とあるので、「=」でなく「==」では？ と提案してくれています。

```
  File "<ipython-input-46-4c4cb3e071ee>", line 2
    if int(num) = 100:
       ^
SyntaxError: cannot assign to function call here. Maybe you meant '=='
instead of '='?
```

input関数を使っているのでint関数で整数に変換してから100と比較します。

条件文で左辺と右辺を比較する場合、= ではなく == を使います。

代入するときは、num = 100 、比較するときは、num == 100 となります。

```
01: num = input('整数を入力してください')
02: if int(num) == 100:
03:     print('入力した数は100です')
04: else:
05:     print('入力した数は100ではありません')
```

```
整数を入力してください100
入力した数は100です
```

Point

代入演算子 = と比較演算子 == の違いに気をつける

章末問題

4-2 反比例の値

Q 問題

反比例 $y = \dfrac{12}{x}$ のxとyの値を求めます。

```
print(' x  :  y')
print('---------')
for x in range(-6,7):
    y = 12 / x
    print(str(x) + '  :  ' + str(y))
```

途中でエラーが発生します。

ヒント

エラーメッセージが表示されるので、何を意味しているのか確認しましょう。

エラーメッセージが表示されないように、if文を追加してプログラムを修正しましょう。

A 解答

実行するとZeroDivisionErrorが発生します。0でわり算を行ったことが原因です。

わり算 (/) だけでなく、整数のわり算 (//) や剰余わり算 (%) でも発生します。

4行目でエラーが発生していることがわかります。

```
ZeroDivisionError                         Traceback (most recent call last)
<ipython-input-10-8219e3fff3c2> in <cell line: 3>()
      2 print('---------')
      3 for x in range(-6,7):
----> 4     y = 12 / x
      5     print(str(x) + '  :  ' + str(y))

ZeroDivisionError: division by zero
```

–6から6までの値をxに代入してyの値を求めていますが、途中で0が代入され0でのわり算が実行されてエラーとなってしまいました。

xの値が0以外のときには代入し、そうでないときには演算を行わないように、if文を追加します。

```
print(' x  :  y')
print('---------')
for x in range(-6,7):
    if x != 0:
        y = 12 / x
        print(str(x) + '  :  ' + str(y))
    else:
        print('0  :  ※')
```

あるいは、0のときの処理であることを明示するために以下のように書いてもよいでしょう。

```
print(' x  :  y')
print('---------')
for x in range(-6,7):
    if x != 0:
        y = 12 / x
        print(str(x) + '  :  ' + str(y))
    elif x == 0:
        print('0  :  ※')
```

Point

0でのわり算を行わない

章末問題

4-3 入場料の判定

Q 問題

6歳未満か、70歳以上は入場料が無料になります。それ以外は、200円です。

```
age = input('年齢を入力してください')
if int(age) < 6 and int(age) >= 70:
    print('入場料は無料です')
else:
    print('入場料は200円です')
```

正しく判定されません。

```
年齢を入力してください5
入場料は200円です
```

ヒント

いろいろな数を入力して結果を確認しましょう。

正しく判定できていないということは、if文のところに間違いがあるようです。

A 解答

正しく判定されていないので、if文のところにエラーがあります。

この問題のif文では2つの条件が組み合わされています。andは2つの条件のどちらも成り立つ場合、orは2つの条件のどちらか一方が成り立つかどちらも成り立つ場合となります。

int(age) < 6 and int(age) >= 70 の and は、年齢が6歳未満であり、なおかつ、70歳以上ということです。このようなことはありえません。

6歳未満、または、70歳以上という場合には、int(age) < 6 or int(age) >= 70 となります。

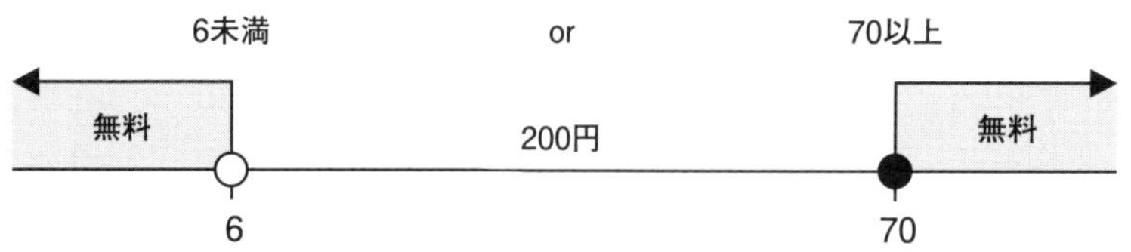

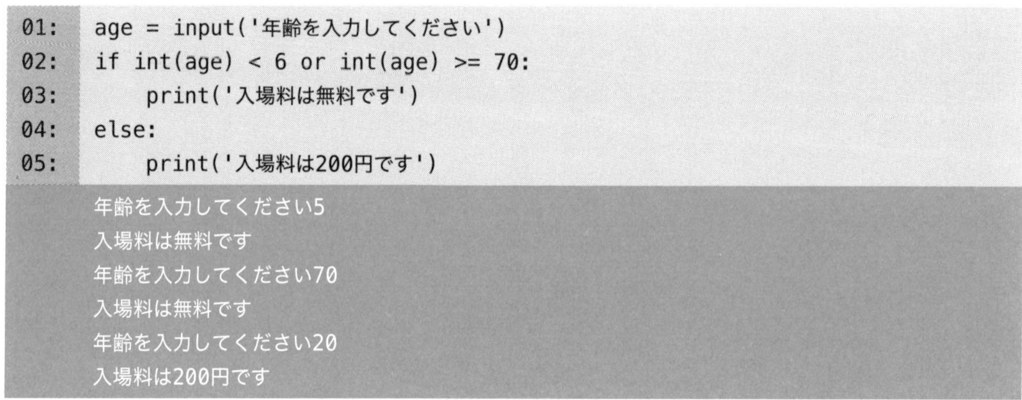

```
age = input('年齢を入力してください')
if int(age) < 6 or int(age) >= 70:
    print('入場料は無料です')
else:
    print('入場料は200円です')
```

```
年齢を入力してください5
入場料は無料です
年齢を入力してください70
入場料は無料です
年齢を入力してください20
入場料は200円です
```

「6歳未満か、70歳以上は無料、それ以外は、200円」という条件は、「6歳以上70歳未満は200円、それ以外は、無料」と考えることもできます。

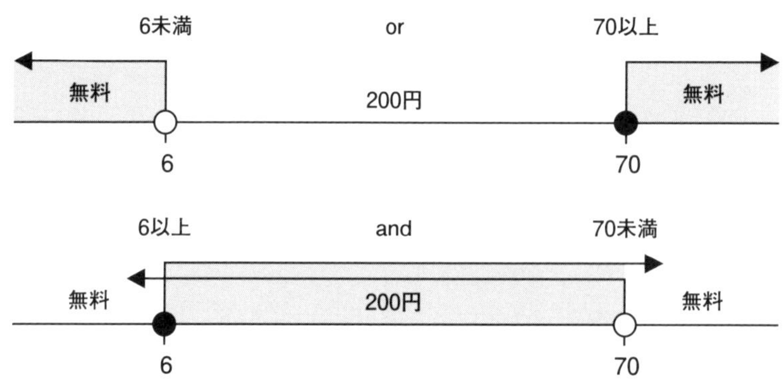

「6歳以上70歳未満は200円、それ以外は、無料」という条件では、入場料が200円なのは6歳以上70歳未満の2つの条件がどちらも成り立つ場合なので、andを使います。

```
age = input('年齢を入力してください')
if int(age) >= 6 and int(age) < 70:
    print('入場料は200円です')
else:
    print('入場料は無料です')
```

Pythonでは、数の範囲はandを使わず、次のように書くことができます。

```
age = input('年齢を入力してください')
if 6 <= int(age) < 70:
    print('入場料は200円です')
else:
    print('入場料は無料です')
```

このような数の範囲の書き方は直感的でとてもわかりやすいのですが、Python以外の多くのプログラミング言語ではエラーになります。

Point

andとorの違いに気をつける

章末問題

4-4 複数条件の判定

Q 問題

1〜50までの自然数の中で、2の倍数または3の倍数で、かつ、7で割った余りが5になる数だけを出力します。

```
for i in range(1,51):
    if i % 2 == 0 or i % 3 == 0 and i % 7 == 5 :
        print(i,end=',')
```

正しく表示されません。

```
2,4,6,8,10,12,14,16,18,20,22,24,26,28,30,32,33,34,36,38,40,42,44,46,48,
```

ヒント

2の倍数がすべて出力されているようです。

if文の中の条件文が評価される順序に問題があるようです。

A 解答

四則演算に優先順位があるように、論理演算（and・or）にも優先順位があります。andがorよりも優先されます。

```
if i % 2 == 0 or i % 3 == 0 and i % 7 == 5 :  andが優先される

if i % 2 == 0 or i % 3 == 0 and i % 7 == 5 :  orを優先したい
```

以下のようカッコを使ってorの評価を優先します。

```
for i in range(1,51):
    if (i % 2 == 0 or i % 3 == 0) and i % 7 == 5 :
        print(i,end=',')
```

```
12,26,33,40,
```

Point

and と or にも優先順位がある

章末問題

4-5 絶対値を求める

Q 問題

絶対値を求めます。

```
num = input('整数を入力してください')
if int(num) > 0:
    print(num + 'の絶対値は' + num + 'です')
elif int(num) < 0:
    print(num + 'の絶対値は' + str(-1*int(num)) + 'です')
```

0のときの絶対値が表示されません。

```
整数を入力してください7
7の絶対値は7です
```

```
整数を入力してください-5
-5の絶対値は5です
```

```
整数を入力してください0
```

ヒント

いろいろな数を入力して結果を確認しましょう。

どんな数を入力しても正しい答えを求めるためには、すべての場合を考える必要があります。

絶対値はどんな場合に分けて考えればよいでしょうか。

すべての場合がプログラムされているか確認しましょう。

A 解答

絶対値を求める計算は、場合分けの練習としてはとてもよい例です。

正の数のとき、0のとき、負の数のときの3つの場合に分けて考える必要があります。

先のプログラムには0の場合がありません。追加したのが下のプログラムです。

```
num = input('整数を入力してください')
if int(num) > 0:
    print(num + 'の絶対値は' + num + 'です')
elif int(num) < 0:
    print(num + 'の絶対値は' + str(-1*int(num)) + 'です')
elif int(num) == 0:
    print(num + 'の絶対値は' + num + 'です')
```

```
整数を入力してください0
0の絶対値は0です
```

正の数の場合と0の場合を0以上としたのが次のプログラムです。

```
num = input('整数を入力してください')
if int(num) >= 0:
    print(num + 'の絶対値は' + num + 'です')
elif int(num) < 0:
    print(num + 'の絶対値は' + str(-1*int(num)) + 'です')
```

さらに、asb関数を使うと分岐は必要なくなります。

```
num = input('整数を入力してください')
print(num + 'の絶対値は' + str(abs(int(num))) + 'です')
```

Point

すべての場合について考えているかを確認する

章末問題

4-6 3つの数の最小値を求める

Q 問題

入力した3つの数の最小値を求めます。

結果が表示されません。

```
for i in range(3):
    num = input('0より大きい数を入力してください')
    if float(num) < date_min:
        date_min = float(num)
print('最小値は' + str(date_min) + 'です')
```

ヒント

エラーメッセージが表示されるので、何を意味しているのか確認しましょう。

実行するとNameErrorが発生します。

NameError: name 'date_min' is not defined は、変数data_minが定義されていないという意味です。

3行目でエラーが発生していることがわかります。

```
01: NameError                                 Traceback (most recent call last)
02: <ipython-input-85-2131a3dac71a> in <cell line: 1>()
03:       1 for i in range(3):
04:       2     num = input('0より大きい数を入力してください')
05: ----> 3     if float(num) < date_min:
06:       4         date_min = float(num)
07:       5 print('最小値は' + str(date_min) + 'です')
08: 
09: NameError: name 'date_min' is not defined
```

入力される数は整数とは限らないので、float関数を使って文字列を小数（浮動小数点数）に変換していますが、変数data_minが初期化されていないため、比較ができません。

変数data_minの初期化には、次の2つの方法が考えられます。

data_minの初期値 ＝ ユーザーの最初の入力値　とする方法

```
01: num = input('0より大きい数を入力してください')
02: data_min = float(num)
03: for i in range(2):
04:     num = input('0より大きい数を入力してください')
05:     if float(num) < data_min:
06:         data_min = float(num)
07: print('最小値は' + str(data_min) + 'です')
```

```
0より大きい数を入力してください2
0より大きい数を入力してください6
0より大きい数を入力してください1
最小値は1.0です
```

data_minの初期値をinputで受け取っているので、3行目のfor i in range(2)で繰り返しが1減になっている点も注意が必要です。

data_minの初期値 = 無限大　とする方法

```
data_min = float('inf')
for i in range(3):
    num = input('0より大きい数を入力してください')
    if float(num) < data_min:
        data_min = float(num)
print('最小値は' + str(data_min) + 'です')
```

```
0より大きい数を入力してください6
0より大きい数を入力してください4
0より大きい数を入力してください8
最小値は4.0です
```

for文のブロックの中で変数numの値が入力されるので、繰り返しは3回、つまり for i in range(3) となります。

このプログラムを参考にして、3つの数の最大値を求めるプログラムを作成してみましょう。

Point

変数は必ず初期化する

章末問題

4-7 素因数分解

Q 問題

素因数分解の結果を表示します。

```
num = 462
i = 2
p_num = []
while i <= num:
    if num % i == 0:
        p_num.append(i)
        num = num / i
    else:
        i += 1
print(str(num) + ' = ' + '*'.join(p_num))
```

ヒント

素因数分解を計算して、正しい答えを確認しましょう。

エラーメッセージが表示されるので、何を意味しているのか確認しましょう。

エラーメッセージが表示されないように、プログラムを修正しましょう。

さらに、正しい出力結果となるように、プログラムを修正しましょう。

実行するとTypeErrorが発生します。

TypeError: sequence item 0: expected str instance, int found は、文字列でなければいけないのにint型（整数）だったという意味です。10行目でエラーが発生していることがわかります。

```
TypeError                                 Traceback (most recent call last)
<ipython-input-39-d99dd8373c3a> in <cell line: 10>()
      8     else:
      9         i += 1
---> 10 print(str(num) + ' = ' + '*'.join(p_num))

TypeError: sequence item 0: expected str instance, int found
```

リストをjoinメソッドでつなげようとしたとき、int型（整数）だと発生するエラーです。

変数iはint型でそのままp_num.append(i)でリストp_numに追加されています。

追加されるときにstr型に型変換するようにします。

```
01: num = 462
02: i = 2
03: p_num = []
04: while i <= num:
05:     if num % i == 0:
06:         p_num.append(str(i))
07:         num = num / i
08:     else:
09:         i += 1
10: print(str(num) + ' = ' + '*'.join(p_num))
```

```
1.0 = 2*3*7*11
```

エラーが発生しなくなりましたが、出力が間違っています。

正しくは、462 = 2*3*7*11 と表示される必要があります。

変数numはnum = num / iで、割り切れるたびに商が変化します。

そのため、最後には1になってしまいました。

numの初期値を覚えておくための変数を追加します。

正しいプログラム

```
num = 462
save_num = num
i = 2
p_num = []
while i <= num:
    if num % i == 0:
        p_num.append(str(i))
        num = num / i
    else:
        i += 1
print(str(save_num) + ' = ' + '*'.join(p_num))
```

```
462 = 2*3*7*11
```

Point

リストの要素の結合は、str型で行う

変数の初期値を保存するための別の変数を用意する

column

プログラミング的思考でプログラミングができる?

手紙を封筒で出すことを考えてみます。

1) 手紙をプリンタで印刷する

2) 手紙を三つ折りにする

3) 封筒に宛先と自分の住所を書く(または宛名ラベルを貼る)

4) 封筒に三つ折りにした手紙を入れる

5) 封筒を糊付けする

これを100通するとなったら、どのように行いますか。

1)~5)を1つずつ100回繰り返すより、手紙を100枚印刷して、それを三つ折りにして……とした方が効率がよいでしょう。

プログラミング的思考とは、手紙を封筒で出すという行為を1)~5)のように小さな単位に分解すること、そして、分解した単位をどのような順番で実行すれば効率がよいかを考えることと似ています。

このように、私たちが生活の中でプログラミング的思考を働かせることはとても重要ですが、それだけでプログラミングが上達するわけではありません。実際にプログラムを書いて、動かして、エラーを解決することを繰り返し経験しなければ、上達の道はありません。

章末問題

4-8 二次方程式の解を求める

Q 問題

第2章の章末問題「二次方程式の解の公式」をユーザーが係数を入力できるように修正しました。

```
import math

a = input('a=? ')
b = input('b=? ')
c = input('c=? ')
a = float(a)
b = float(b)
c = float(c)
x1 = (-b+math.sqrt(b*b-4*a*c))/(2*a)
x2 = (-b-math.sqrt(b*b-4*a*c))/(2*a)
print('x=' + str(x1))
print('x=' + str(x2))
```

ヒント

a、b、cにいろいろな数を入力して実行してみましょう。

例 a = 2, b = -7, c = 3 → エラーなし
a = 0, b = 3, c = -6 → エラーあり ❶
a = 5, b = 1, c = 7 → エラーあり ❷

エラーメッセージが表示されるので、プログラムを修正しましょう（2種類あります）

❶ a = 0 のとき、二次方程式の公式は使えません。

❷ 判別式 $D = b^2-4ac$ を求め、if文でプログラムを分岐します。

A 解答

❶ a = 0, b = 3, c = -6 の場合

実行するとZeroDivisionErrorが発生します。0でわり算を行ったことが原因です。

9行目でエラーが発生していることがわかります。

```
01: ZeroDivisionError                         Traceback (most recent call last)
02: <ipython-input-25-df3447cce89f> in <cell line: 9>()
03:       7 b = float(b)
04:       8 c = float(c)
05: ----> 9 x1 = (-b+math.sqrt(b*b-4*a*c))/(2*a)
06:      10 x2 = (-b-math.sqrt(b*b-4*a*c))/(2*a)
07:      11 print('x=' + str(x1))
08: 
09: ZeroDivisionError: float division by zero
```

a = 0なので、解の公式の分母が0になってしまい、エラーが発生しました。

if文を使って、a = 0の場合とそうでない場合に処理を分けます。

a = 0のときは二次方程式ではなく、一次方程式$bx+c=0$と考え、解を$x=-\frac{c}{b}$として求めて表示するとよいでしょう。出力例を示します。

```
a=? 0
b=? 2
c=? -6
a=0なので2次方程式ではありません
1次方程式として解を求めます
x=3.0
```

❷ a = 5, b = 1, c = 7 の場合

実行するとValueErrorが発生します。

ValueError: math domain errorは、関数の引数が範囲を超えたという意味です。

9行目でエラーが発生していることがわかります。

```
01: ValueError                                Traceback (most recent call last)
02: <ipython-input-26-df3447cce89f> in <cell line: 9>()
03:       7 b = float(b)
04:       8 c = float(c)
05: ----> 9 x1 = (-b+math.sqrt(b*b-4*a*c))/(2*a)
06:      10 x2 = (-b-math.sqrt(b*b-4*a*c))/(2*a)
07:      11 print('x=' + str(x1))
08: 
09: ValueError: math domain error
```

a = 5, b = 1, c = 7のとき、1*1-4*5*7 = 1-140 = -139となって、負の数となります。

sqrt関数は引数が0以上でないと計算できないのでエラーが発生しました。

判別式D = b*b-4*a*cとして、if文を使って、D > 0、D = 0、D < 0の場合に処理を分けます。

D > 0の場合は2つの解、D = 0の場合は1つの解（重解）、D < 0の場合は虚数解となることを表示するとよいでしょう。それぞれの場合の出力例を示します。

```
a=? 2
b=? -7
c=? 3
x=3.0
x=0.5
```

```
a=? 1
b=? -2
c=? 1
x=1.0:重解です
```

```
a=? 5
b=? 1
c=? 7
判別式D<0なので、虚数解になります
```

すべての場合について考えたプログラムの例を示します。

```
import math

a = input('a=? ')
b = input('b=? ')
c = input('c=? ')
a = float(a)
b = float(b)
c = float(c)

if a == 0:
    print('a=0なので2次方程式ではありません')
    print('1次方程式として解を求めます')
    x = -c/b
    print('x=' + str(x))
else:
    D = b*b - 4*a*c
    if D > 0 :
        x1 = (-b+math.sqrt(D))/(2*a)
        x2 = (-b-math.sqrt(D))/(2*a)
        print('x=' + str(x1))
        print('x=' + str(x2))
    elif D == 0:
        x = -b/(2*a)
        print('x=' + str(x) + ':重解です')
    elif D < 0:
        print('判別式D<0なので、虚数解になります')
```

Point

入力された値によって様々な場合を考え、if文で処理を分岐する

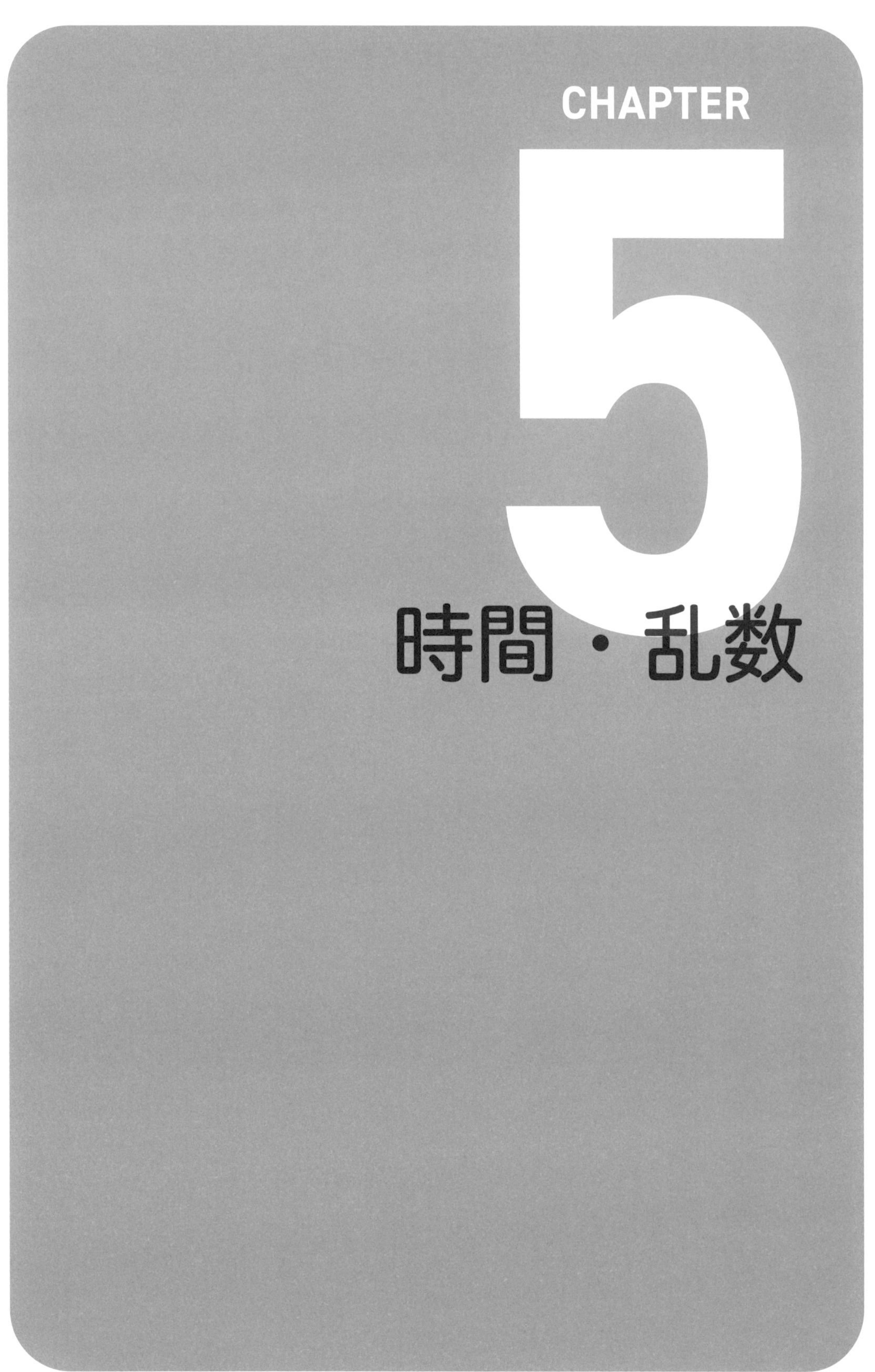

CHAPTER

5 時間・乱数

5-1 時間管理の基本

プログラミングでは、時間を管理できます。

処理にどれくらいの時間がかかったかを計測したり、処理に時間制限を設けたりできます。

ゲームなどで次第に表示が速くなることにも利用されています。

timeモジュールを使う

timeモジュールを使うと、現在時刻を確認したり、処理を一時的に停止できる関数が利用できます。

例 現在時刻を表示します。

```
import time

now = time.strftime('%Y年%m月%d日 %H時%M分%S秒')
print(now)
```

```
2023年11月06日 02時52分38秒
```

timeモジュールのstrftime関数を使うと、年月日などを好みの形式で表示できます。

例 1　2　3　ダー！　を1行ずつ表示します。各表示で1秒の間が空きます。

```
import time

print(1)
time.sleep(1)
print(2)
time.sleep(1)
print(3)
time.sleep(1)
print('ダー！')
```

```
1
2
3
ダー！
```

sleep関数を使うと、指定した秒数で処理を停止させることができます。

time.sleep(1)で1秒間停止します。

Q1 練習問題

for文を使って、1　2　3　ダー！　を1行ずつ表示します。実行する前にエラーを見つけてみましょう。

```
import time

for i in range(1,4):
    print(i)
time.sleep(1)
print('ダー！')
```

例　1〜10までの和、1〜100までの和、……、1〜10000000までの和を計算し、処理にかかった時間を表示します。

```
import time

total = 0
k = 1
start = time.time()           ❶
for i in range(1,10000001):
    total += i
    if i % pow(10,k) == 0 :   ❹
        print(str(i) + 'までの和　' + str(total))
        k += 1
end = time.time()             ❷
t = end - start               ❸
print(str(t) + '秒')
```

```
10までの和　55
100までの和　5050
1000までの和　500500
10000までの和　50005000
100000までの和　5000050000
1000000までの和　500000500000
10000000までの和　50000005000000
5.664119720458984秒
```

time関数を使い、処理にかかった秒数を求めています。

❶処理を開始した時刻を変数startに保存します。

❷処理が終了した時刻を変数endに保存します。

❸変数endと変数startの差を計算し、処理にかかった秒数 t を求めます。

❹if文と剰余演算子％を組み合わせることで、10、100、1000…のときの和だけを出力しています。
pow( ) は累乗を求める関数です。pow(10, 2) = 10^2 = 100 となります。
変数 k と変数 j がどのように変化するかを考えながら、プログラムの動きを確認してみましょう。

5-2 乱数の基本

乱数を利用すると、プログラムの利用範囲が広がります。

ゲームなどで敵の出現の仕方や回数を変えることにも利用されています。

randomモジュールを使う

randomモジュールを使うと、決められた範囲の数を生成させたり、順番をバラバラに混ぜたりする関数が利用できます。

例 範囲を指定して整数を生成します。

```
import random

for i in range(10):
    num = random.randint(1,9)
    print(num,end=',')
```

```
3,8,2,1,8,5,3,6,3,9,
```

randomモジュールのrandint関数を使います。

random.randint(start,end)とすると、start ≦ n ≦ end の範囲の整数nを生成できます。

この場合は、1から9までの数字を生成します。

randamモジュールには、以下のような乱数を生成する関数があります。

- random.random()　　0.0以上1.0未満の浮動小数点数
- random.uniform(a,b)　a ≦ n ≦ b（またはb ≦ n ≦ a）の範囲の浮動小数点数

Q2 練習問題

1～9までの乱数を100個生成し、それぞれの数を数えます。実行する前にエラーを見つけてみましょう。

```
import random

count = [0,0,0,0,0,0,0,0,0]
for i in range(100):
    num = random.randint(1,9)
    count[num] += 1
print(count)
```

例 8文字のランダムな文字列を作成します。

```
import random

letters = 'abcdefghijklmnopqrstuvwxyz'
password = ''
for i in range(8):
    random_number = random.randint(0,25)
    password += letters[random_number]
print(password)
```

```
bstkfzcl
```

乱数を使って変数lettersから1文字を取り出すことを繰り返して、8文字のランダムな文字列を作成しています。

Q3 練習問題

8文字のランダムな文字列を5個作成します。実行する前にエラーを見つけてみましょう。エラーは2種類あります。

文字を取り出す乱数の範囲を確認しましょう。

変数passwordの値の変化を、順を追って確認しましょう。

```
import random

letters = 'abcdefghijklmnopqrstuvwxyz'
password = ''
for k in range(5):
    for i in range(8):
        random_number = random.randint(0,len(letters))
        password += letters[random_number]
    print(password)
```

Q4 練習問題

1桁+1桁のたし算を表示し、入力された答えを判定します。実行する前にエラーを見つけてみましょう。

エラーは3種類あります。

if文を中心に考えてみましょう。

```
import random

num_1 = random.randint(1,9)
num_2 = random.randint(1,9)
result = input(num_1 + '+' + num_2 + '= ')
if num_1 + num_2 = result:
    print('正解')
else:
    print('残念')
```

例 リスト内の要素の順番をバラバラにします。

```
import random

fruits = ['リンゴ','バナナ','みかん','ぶどう']
for i in range(3):
    random.shuffle(fruits)
    print(fruits)
```

```
['みかん', 'リンゴ', 'バナナ', 'ぶどう']
['バナナ', 'みかん', 'リンゴ', 'ぶどう']
['みかん', 'バナナ', 'ぶどう', 'リンゴ']
```

randomモジュールのshuffle関数を使います。

random.shuffle(リスト)とすると、実行されるたびにリスト内の要素の順番が入れ替わます。

Q5 練習問題

2つのリストの要素間の関係を変えずに、表示される順番をバラバラにします。

j_fruitsとe_fruitsは、インデックスが同じ場合、同じフルーツの日本語と英語になっています。例えば、インデックスが0のとき、j_fruits[0] はリンゴ、e_fruits[0] は apple となっています。

この関係を維持したまま、2つのリストの順番を変えるのです。

順番をバラバラにするのにそれぞれのリストをシャッフルすると、その関係が崩れてしまいます。

そこで、インデックスの数字の入ったリストを別に作成し、それをシャッフルして利用します。

しかし、実行結果は、順番が変わっていません。シャッフルしたrandom_indexリストをどのように使えばよいでしょうか。

```
import random

j_fruits = ['リンゴ','バナナ','みかん','ぶどう']
e_fruits = ['apple','banana','orange','grape']
random_index = [0,1,2,3]
random.shuffle(random_index)
for i in range(4):
    print(j_fruits[i] + ' = ' + e_fruits[i])
```

```
リンゴ = apple
バナナ = banana
みかん = orange
ぶどう = grape
```

例　モンテカルロ法を使って、円の面積を求めます。

$0 \leqq x \leqq 1$、$0 \leqq y \leqq 1$ の乱数を発生し、座標を取ります。

円の方程式を $x^2 + y^2 = 1$ とすると、円の内部にある点は $x^2 + y^2 \leqq 1$ を満たします。

下の図より、4×（おうぎ形内の点の数÷正方形内の点の数）となることがわかります。

半径1の円の面積 = 1×1×π = 3.14159…ですが、乱数を用いて求めているため、誤差が生じます。

3行目のcount_allの値が小さいと誤差が大きく、count_allの値が大きいと誤差が小さくなります。

count_allの値を変えて実行結果を確認してみましょう。

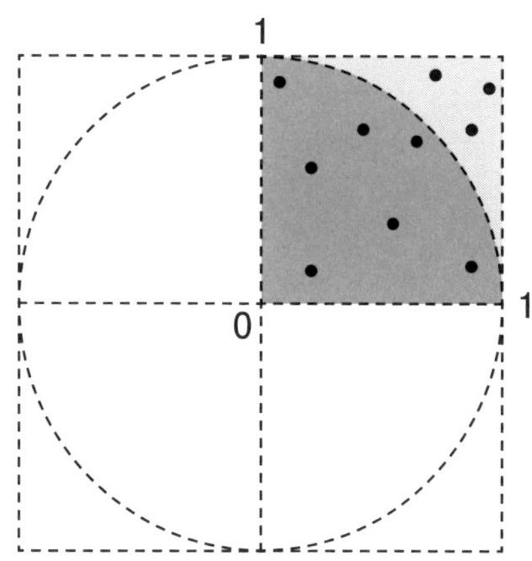


```
01: import random
02:
03: count_all = 1000000
04: count_in = 0
05:
06: for i in range(count_all):
07:     x = random.random()
08:     y = random.random()
09:
10:     if x*x + y*y <= 1:
11:         count_in += 1
12:
13: S = 4*(count_in/count_all)
14: print(S)
```

```
3.14384
```

5-3 練習問題の解答

A1 練習問題の解答

1　2　3　ダー！　を1行ずつ表示します。

```
01: import time
02:
03: for i in range(1,4):
04:     print(i)
05: time.sleep(1)
06: print('ダー！')
```

1　2　3が同時に表示され、その1秒後にダー！が表示されます。

5行目のtime.sleep(1)がインデントされないため、for文のブロックから外れます。そのため、1　2　3が瞬時に表示されました。

正しいプログラム

time.sleep(1)がfor文のブロックとなるように、print(i)と同じインデントにします。

```
import time

for i in range(1,4):
    print(i)
    time.sleep(1)
print('ダー！')
```

A2 練習問題の解答

1〜9までの乱数を100個生成し、その数を数えます。

```
01: import random
02:
03: count = [0,0,0,0,0,0,0,0,0]
04: for i in range(100):
05:     num = random.randint(1,9)
06:     count[num] += 1
07: print(count)
```

実行するとIndexErrorが発生します。

IndexError: list index out of rangeは、リストのインデックスが範囲外になったという意味です。

6行目でエラーが発生していることがわかります。

```
IndexError                                Traceback (most recent call last)
<ipython-input-1-1a2e11f8227b> in <cell line: 4>()
      4 for i in range(100):
      5   num = random.randint(1,9)
----> 6   count[num] += 1
      7 print(count)

IndexError: list index out of range
```

1〜9までの数をリストcountの要素と関連付けて数えていきます。

3行目でcountの9つの要素を0で初期化します。

5行目で1〜9の乱数を生成します。ここで、仮にnum = 9だったとします。

6行目のcount[num] += 1は、num = 9なのでcountの9番目の要素を1増やす、となります。つまりcount[9] += 1ということです。

しかし、リスト型のインデックスは0から始まるので、count = [0,0,0,0,0,0,0,0,0] の末尾の要素番号は8です。インデックス9は存在しないので、エラーとなります。

つまり、乱数がnumだった場合、countのnum-1番目を1増やせばよいことになります。

正しいプログラム

```
01: import random
02: 
03: count = [0,0,0,0,0,0,0,0,0]
04: for i in range(100):
05:     num = random.randint(1,9)
06:     count[num-1] += 1
07: print(count)
```

```
[12, 18, 7, 13, 7, 8, 12, 12, 11]
```

A3 練習問題の解答

8文字のランダムな文字列を5個作成します。

```
import random

letters = 'abcdefghijklmnopqrstuvwxyz'
password = ''
for k in range(5):
    for i in range(8):
        random_number = random.randint(0,len(letters))
        password += letters[random_number]
    print(password)
```

実行するとIndexError発生します（以下で述べる条件により、発生しない場合もあります）。

IndexError: string index out of rangeは、文字列のインデックスが範囲外になったという意味です。8行目でエラーが発生していることがわかります。

```
01: IndexError                                Traceback (most recent call last)
02: <ipython-input-5-9204320c6e84> in <cell line: 5>()
03:       6   for i in range(8):
04:       7     random_number = random.randint(0,len(letters))
05: ----> 8     password += letters[random_number]
06:       9   print(password)
07: 
08: IndexError: string index out of range
```

letters[random_number]のインデックスが範囲外になったので、変数random_number、つまり7行目の乱数の生成に問題がありそうです。

このようにエラーの発生した行ではなく、それ以前の行のプログラムがエラーの原因の場合もよくあるので注意が必要です。

randint(start,end)のとき、生成される乱数はstart≦n≦endでendが含まれます。

letters = 'abcdefghijklmnopqrstuvwxyz'のとき、len(letters)=26つまり文字数は26ですが、末尾zはletters[25]なので、インデックスが範囲外になる場合があります。

乱数を使ったプログラムでは、常にエラーが発生するとは限りません。

文字数や個数が少なければ、乱数がインデックスの範囲内にたまたま収まる可能性もあります。

プログラムを複数回実行してみたり、文字数や個数を増やしたりするなどして、エラーが発生しないかを確認しましょう。

7行目をrandom.randint(0,len(letters)-1)と修正し、実行しましょう。

```
01: import random
02: 
03: letters = 'abcdefghijklmnopqrstuvwxyz'
04: password = ''
05: for k in range(5):
06:     for i in range(8):
07:         random_number = random.randint(0,len(letters)-1)
08:         password += letters[random_number]
09:     print(password)
```

```
duqlyvxb
duqlyvxbrdsgqxnh
duqlyvxbrdsgqxnhtzmpgxgt
duqlyvxbrdsgqxnhtzmpgxgtvnvruupg
duqlyvxbrdsgqxnhtzmpgxgtvnvruupggszsrnpf
```

passwordは8文字のはずがだんだん長くなっています。

これは、passwordを作成するたびに初期化されていないからです。

4行目のpassword = ''は1つめが初期化されるだけです。

5回のループの中で常に初期化されるように、password = ''の位置を変更します。

正しいプログラム

```
01: import random
02: 
03: letters = 'abcdefghijklmnopqrstuvwxyz'
04: for k in range(5):
05:     password = ''
06:     for i in range(8):
07:         random_number = random.randint(0,len(letters)-1)
08:         password += letters[random_number]
09:     print(password)
```

```
edjsizhc
tawztgoc
hvxmwpqe
txgwjanu
zkmrbtpn
```

A4 練習問題の解答

1桁のたし算を表示し、入力された答えを判定します。実行する前にエラーを見つけてみましょう。

エラーは3種類あります。

if文を中心に考えてみましょう。

```
01: import random
02: 
03: num_1 = random.randint(1,9)
04: num_2 = random.randint(1,9)
05: result = input(num_1 + '+' + num_2 + '= ')
06: if num_1 + num_2 = result:
07:     print('正解')
08: else:
09:     print('残念')
```

実行するとSyntaxErrorが発生します。

SyntaxError: cannot assign to expression here. は、ここでは式(expression)に代入(assign)できないという意味です。6行目でエラーが発生していることがわかります。さらに、Maybe you meant '==' instead of '='? とあるので、「=」でなく「==」では? と提案してくれています。

```
  File "<ipython-input-15-71df6d6b2480>", line 6
    if num_1 + num_2 = result:
       ^
SyntaxError: cannot assign to expression here. Maybe you meant '==' instead of '='?
```

条件文で左辺と右辺を比較する場合、= ではなく == を使います。

```
import random

num_1 = random.randint(1,9)
num_2 = random.randint(1,9)
result = input(num_1 + '+' + num_2 + '= ')
if num_1 + num_2 == result:
    print('正解')
else:
    print('残念')
```

実行するとTypeErrorが発生します。unsupported operand type(s) for +: 'int' and 'str'は、+'という演算記号は、int型とstr型の計算には使えないという意味です。

```
TypeError                                 Traceback (most recent call last)
<ipython-input-16-1d3b997d7ecd> in <cell line: 5>()
      3 num_1 = random.randint(1,9)
      4 num_2 = random.randint(1,9)
----> 5 result = input(num_1 + '+' + num_2 + '= ')
      6 if num_1 + num_2 == result:
      7     print('正解')

TypeError: unsupported operand type(s) for +: 'int' and 'str'
```

str関数を使って、作成された乱数を文字列に変換して表示させるように修正し、実行します。

```
01: import random
02: 
03: num_1 = random.randint(1,9)
04: num_2 = random.randint(1,9)
05: result = input(str(num_1) + '+' + str(num_2) + '= ')
06: if num_1 + num_2 == result:
07:     print('正解')
08: else:
09:     print('残念')
```

```
8+9= 17
残念
```

正しく判定されていません。6行目のif文の条件式を疑ってみましょう。

左辺のnum_1 + num_2 は数値に対して、右辺のresultはinput関数を使って入力された値なので文字列となっており、正しく判定されませんでした。int関数を使って、右辺も数値に変換しましょう。

正しいプログラム

```
import random

num_1 = random.randint(1,9)
num_2 = random.randint(1,9)
result = input(str(num_1) + '+' + str(num_2) + '= ')
if num_1 + num_2 == int(result):
    print('正解')
else:
    print('残念')
```

```
8+9= 17
残念
```

A5 練習問題の解答

2つのリストの要素間の関係を変えずに、表示される順番をバラバラにします。

実行結果は順番が変わっていません。どこが間違っているのでしょうか。

```
01: import random
02:
03: j_fruits = ['リンゴ','バナナ','みかん','ぶどう']
04: e_fruits = ['apple','banana','orange','grape']
05: random_index = [0,1,2,3]
06: random.shuffle(random_index)
07: for i in range(4):
08:     print(j_fruits[i] + ' = ' + e_fruits[i])
```

```
リンゴ = apple
バナナ = banana
みかん = orange
ぶどう = grape
```

実行結果は順番が変わっていないので、8行目の表示部分に間違いがありそうです。

random_index = [0,1,2,3] を random.shuffle(random_index) とすると、例えば、random_index = [3,0,2,1] のように変化します。

この要素の数字を順番に使って、j_fruits と e_fruits の要素を表示すれば、対応を保ったまま、2つのリストの要素が表示できます。

正しいプログラム

```
import random

j_fruits = ['リンゴ','バナナ','みかん','ぶどう']
e_fruits = ['apple','banana','orange','grape']
random_index = [0,1,2,3]
random.shuffle(random_index)
for i in range(4):
    n = random_index[i]
    print(j_fruits[n] + ' = ' + e_fruits[n])
```

```
バナナ = banana
みかん = orange
ぶどう = grape
リンゴ = apple
```

このように2つのリスト間の要素の関係を保ったままシャッフルする方法は、例えば、クイズの問題リストと答えリストを利用して、ランダムに出題するなどに応用できます。

自分なりにプログラムを改造してみるとよいでしょう。

章末問題

5-1 気合いだー！

Q 問題

「気合いだー！」を10回点滅させて表示します。

1回しか表示されないように見えます。

```
01: import time
02:
03: for i in range(10):
04:     print('¥r気合いだー!',end='')
05:     time.sleep(1)
06:     print('¥r',end='')
```

ヒント

print関数では'¥r'という改行コードを最初につけ、endに空文字を指定（end=' '）すると、改行なしで文字が出力されます。

4行目で「気合いだー！」を表示し、5行目で1秒待ち、6行目で改行コードのみを出力して、「気合いだー！」を消します。

10回表示させているはずが、1回しか表示されないように見えます。

プログラムを実行して、動作を確かめてみましょう。

A 解答

timeモジュールのsleep関数を使って、「気合いだー！」を1秒間表示し、print('¥r',end='')で空文字を表示して、「気合いだー！」を消しています。

しかし、print('¥r',end='')の空文字表示のあと、すぐに「気合いだー！」が表示されてしまい、結果として「気合いだー！」がずっと表示されているように見えてしまっています。

print('¥r',end='')のあとにtime.sleep(1)を入れることで、「気合いだー！」が10回点滅して表示されるようになります。

```
import time

for i in range(10):
    print('¥r気合いだー!',end='')
    time.sleep(1)
    print('¥r',end='')
    time.sleep(1)
```

Point

コンピュータの処理速度を考える

章末問題 5-2

ルパン三世風タイトル表示

Q 問題

ルパン三世のタイトル表示のように、タイプライターで打ち込まれるように文字列を表示します。

結果が表示されません。

```
import time

data = 'ルパン三世カリオストロの城'
out_data = ''
for i in data:
    out_data += data[i]
    print('¥r' + out_data,end='')
    time.sleep(0.5)
```

ヒント

エラーメッセージが表示されるので、何を意味しているのか確認しましょう。

A 解答

実行するとTypeErrorが発生します。TypeError: string indices must be integersは、整数で指定しなければいけないところを文字列で指定しているという意味です。

6行目でエラーが発生していることがわかります。

```
TypeError                                 Traceback (most recent call last)
<ipython-input-38-b692508db5dd> in <cell line:5>()
      4 out_data = ''
      5 for i in data:
----> 6     out_data += data[i]
      7     print("¥r"+out_data,end='')
      8     time.sleep(0.5)

TypeError: string indices must be integers
```

for i in dataとfor i in range()の違いによるものです。data = 'あいうえお' で、for i in dataとするとｉは順番に'あ'、'い'、'う'、'え'、'お'と文字になります。そのため、data[i]はdata['あ']となってしまい、エラーが発生します。それに対して、for i in range(5) のときｉは 0、1、2、3、4と整数になります。print関数では、'¥r'という改行コードを最初につけ、end=''とendに空文字を指定すると改行されません。timeモジュールのsleep関数を使って、0.5秒ごとに表示しました。

```
import time

data = 'ルパン三世カリオストロの城'
out_data = ''
for i in data:
    out_data += i
    print('¥r' + out_data,end='')
    time.sleep(0.5)
```

変数secondsを減少させて、表示速度を少しずつ速くすると、より本物に近づきます。

```
import time

data = 'ルパン三世カリオストロの城'
out_data = ''
seconds = 0.7
for i in data:
    out_data += i
    print("¥r" + out_data,end='')
    time.sleep(seconds)
    seconds -= 0.05
```

Point

for文で何が繰り返されているのかに注意する

章末問題 5-3

10秒で止めろ！

Q 問題

キーを入力して、10秒ぴったりで止めます。
誤差が0.5秒より少ないとき、「すごいぞ」と表示します。

```
import time

result = input('Enterキーでスタート')
time_start = time.time()
result = input('Enterキーでストップ')
time_end = time.time()
t = time_end - time_start
if 10-t == 0:
    print('完璧')
elif 10-t < 0.5:
    print('すごいぞ')
elif 10-t < 1.0:
    print('もう少し')
else:
    print('まだまだ')
print(str(t)+'秒')
```

メッセージ表示がおかしいようです。

```
Enterキーでスタート
Enterキーでストップ
すごいぞ
11.464335441589355秒
```

ヒント

誤差が1秒以上あるのに「すごいぞ」と表示されています。

Ⓐ 解答

誤差が0.5秒未満だったら、「すごいぞ」と表示します。

変数tに秒数が入ります。10-t < 0.5が条件式になりますが、tの値が10秒以下のときは、0.5秒未満の誤差を正しく判定できますが、tの値が10秒より大きいときは、正しく判定できません。

絶対値を求めるabs関数を使います。

また、tの値は小数なので10-t == 0が成り立つのはかなり至難の業でしょう。

そこで、round関数を使って四捨五入することにします。

round(t, 2)は、tの値を小数第3位で四捨五入して、小数第2位までを求めます。

```
import time

result = input('Enterキーでスタート')
time_start = time.time()
result = input('Enterキーでストップ')
time_end = time.time()
t = time_end - time_start
if round(abs(10-t),2) == 0:
    print('完璧')
elif round(abs(10-t),2) < 0.5:
    print('すごいぞ')
elif round(abs(10-t),2) < 1.0:
    print('もう少し')
else:
    print('まだまだ')
print(str(round(t,2))+'秒')
```

```
Enterキーでスタート
Enterキーでストップ
すごいぞ
9.73秒
```

Point

数学関数を使って数値を処理する

章末問題

5-4 くじびき1

Q 問題

1〜10までの数をランダムに取り上げて、10で大当たり、5以下ではずれ、それ以外は中当たりになるようにします。

```
import random

omikuji = random.randint(1, 10)
if omikuji > 5:
    print('中当たり')
else:
    print('はずれ')
    if omikuji == 10:
        print('大当たり')
```

正しい判定ができていないようです。

ヒント

何度も実行して、大当たり、中当たり、はずれと表示されるかを確認しましょう。
まずは数字を表示できるようにするとよいでしょう。
正しく表示されないところに原因がありそうです。

A 解答

randomモジュールのrandint関数を使って、1～10までの乱数を発生させます。実際にいくつの数のとき、どのように判定されているかを知るためには、プログラムにprint関数を追加するとよいでしょう。

print(omikuji)で表示してみると、10のときには中当たりと判定されていることがわかります。

問題のプログラムでは、判定の順序が違っています。

10は5より大きい数なので、10と一致するかどうかを最初に判定しなくてはいけません。

```
import random

omikuji = random.randint(1, 10)
if omikuji == 10:
    print('大当たり')
else:
    if omikuji > 5:
        print('中当たり')
    else:
        print('はずれ')
print(omikuji)
```

```
大当たり
10
```

判定条件が複数になった場合、以下のように書くこともできます。

```
import random

omikuji = random.randint(1, 10)
if omikuji == 10:
    print('大当たり')
elif omikuji > 5:
    print('中当たり')
else:
    print('はずれ')
print(omikuji)
```

Point

判定の順序を考える

章末問題

5-5 くじびき2

Q 問題

1〜10までの数をランダムに取り上げて、10で大当たり、9〜7で中当たり、6〜3で小当たり、3未満ではずれになるようにします。

```
import random

omikuji = random.randint(1, 10)
if omikuji == 10:
    print('大当たり')
if omikuji > 6:
    print('中当たり')
if omikuji > 2:
    print('小当たり')
else:
    print('はずれ')
```

正しい判定ができていないようです。

```
中当たり
小当たり
```

ヒント

何度も実行して、大当たり、中当たり、はずれと表示されるかを確認しましょう。

正しく表示されないところに原因がありそうです。

数がランダムだと確認がしにくいので、確認のための何かよい工夫はないでしょうか。

A 解答

中当たりと小当たりが同時に表示されるときがあります。

omikuji = 7 のとき、if omikuji > 6 と if omikuji > 2 のどちらも満たしてしまうからです。if ではなく、elif を使います。

判定が正しく行われているかを確認するためには、print関数の利用だけでなく、変数omikujiに定数を使って試すとよいでしょう。その際、# omikuji = random.randint(1, 10) のように文の先頭に # をつけると、コメントとして認識されて、実行されません。

今回の問題では、10で大当たり、9〜7で中当たり、6〜3で小当たり、3未満でなので、すべての数について調べる必要はありません。

判定の境となる値を変数に入力して確認します。

まず、omikuji = 10として、大当たりと表示されるかを確かめましょう。

次に、omikujiに9と7を代入して、中当たりと表示されるかを確かめます。9と7の間の8は確かめる必要はありませんね。次は、6と3を代入して小当たり、2を代入してはずれと表示されるかを確かめます。

確認ができたら、4行目の代入式は必要ありません。# omikuji = random.randint(1, 10) の#を削除して、実行してみましょう。

```
01:  import random
02:
03:  # omikuji = random.randint(1, 10)
04:  omikuji = 7
05:  if omikuji == 10:
06:      print('大当たり')
07:  elif omikuji > 6:
08:      print('中当たり')
09:  elif omikuji > 2:
10:      print('小当たり')
11:  else:
12:      print('はずれ')
```

```
中当たり
```

Point

すべての場合について考えているかを確認する

判定の境の値を代入して確認する

章末問題

5-6 スピード暗算

問題

1桁の数が3つ順に表示されます。その合計を暗算で計算します。

```
import time
import random

print('¥rスタート',end='')
time.sleep(1)
answer_number = 0
for i in range(3):
    question_number = random.randint(1,9)
    print('¥r' + str(question_number),end='')
    time.sleep(1)
    answer_number += question_number

answer = input('答えはいくつ？')
if answer_number == int(answer):
    print('正解！')
else:
    print('残念')
```

ヒント

実行して動作を確認しましょう。

3番目の数が表示されたままになります。また、何度も実行すると3つの数が表示されないときがあるようです。

A 解答

１つめのエラーは、print('¥r',end=") # 追加３で、空白行を表示して、３番目の数を消します。

２つめのエラーは、同じ数が連続して表示されたことで、数が３つ表示されていないように見えています。1～9までの１桁の乱数を発生させているので、同じ数が連続することが少なく気がつきにくいエラーです。

question_number = random.randint(1,3) などと乱数の範囲を小さくするとわかりやすいでしょう。

同じ数になったときに、（続けて表示されて）１つの数に見えてしまうので、それを区別するために、print('¥r' + ' ',end=") # 追加１ time.sleep(0.5) # 追加２により空白行で前の数を消してから0.5秒待つように変更しています。

```
import time
import random

print('¥rスタート',end='')
time.sleep(1)
answer_number = 0
for i in range(3):
    question_number = random.randint(1,9)
    print('¥r' + str(question_number),end='')
    time.sleep(1)
    print('¥r' + ' ',end='') #追加1
    time.sleep(0.5) #追加2
    answer_number += question_number
    print('¥r',end='')  #追加3

answer = input('答えはいくつ？')
if answer_number == int(answer):
    print('正解！')
else:
    print('残念')
```

Point

変数は必ず初期化する

コンピュータの処理速度に気をつける

column

コメントでプログラムをわかりやすくしよう

プログラムを書いて、しばらくたってから見直したとき、どんな処理をしているかわからないことがあります。システム開発現場で、「誰だよ！こんなわかりにくいプログラムを書いたのは！」と怒ってみたら、1か月前に自分の書いたプログラムだった——こうした話がよく言われるくらいなので、他人の書いたプログラムはもっとわかりにくいと考えた方がよいかもしれません。

次のプログラムは、どんな処理を行っているのでしょう。

```
a = 12
h = 8
S = a * h / 2
```

底辺の長さ（a）と高さ（h）から三角形の面積（S）を求めていますが、次のように書くともっとわかりやすいでしょう。#から行末まではプログラムの実行時に無視されるので（コメントといいます）、プログラム内に説明として記述できます。#が行頭にあるとその行すべてがコメントです。

```
# 底辺
a = 10
# 高さ
h = 8
# 面積
S = a * h / 2
```

#が文中にあると、#から行末までがコメントです。#より前のプログラムは有効です。

```
a = 10          # 底辺
h = 8           # 高さ
S = a * h / 2   # 面積
```

自分があとから確認しやすいように、あるいは他人が見てもわかりやすいように、上手にコメントを利用しましょう。

column

ゲーム作りはプログラミング上級者への近道

ゲームには、プログラミングスキルを身につけるために重要な要素が詰まっています。例えば、シューティングゲームを考えてみましょう。自機を操作して弾を打つ。敵機を出現させて攻撃させる。弾が当たったのかを判断する。これらのようにゲームは、入力や乱数、条件分岐、繰り返しなど、プログラミングの基本要素が詰まっています。さらに、グラフィックスやBGMなどをいろいろと工夫できます。

市販されているゲームでは、ゲームの中身であるプログラム（ソースコードといいます）を見ることはできません。しかし、コンピュータが一般の人たちに使われ始めた頃（パソコンの登場当時）には、ゲームは雑誌に出ているプログラムをひたすら打ち込んで実行するものでした。

丁寧（ていねい）に1文字ずつ打ち込んで実行しても、エラーがたくさんあって思うように動いてくれないことばかりでした。それでも、エラーと格闘したり、プログラムの中身を知ったりすることで、プログラミングの経験を積んでいったのです。雑誌のゲームプログラムを参考に動かして自分なりに改良する――そうです、「真似る」「変える」「創る」ができていました。

この意味で、プログラムが公開されているゲームは、プログラミングを学ぶうえでとても貴重な教材だと考えます。しかし、GIGAスクール構想が始まった学校現場の一部では、ゲームで遊んでしまうからという理由で、プログラミングの実行環境の利用を制限している現状があります。遊ぶ体験から、疑問が生まれ、自分でも創ってみたいという主体的な学びにつなげるためにも、ゲーム作りを通したプログラミング学習が学校現場でもっと理解されてほしいと願っています。

CHAPTER 6 自作関数

6-1 自作関数の基本

関数とは、print関数やinput関数など、ある特定の処理ができるようにした命令のことです。

自分で記述した一連の処理を自作の関数として定義し、プログラムの任意の場所から呼び出して利用できます。

自作関数を使う

自作の関数の基本的な書き方です。

```
01:  def 関数名(引数1,引数2,…):
02:      処理1
03:      処理2
04:      …
05:      return 戻り値
```

自作の関数を記述する際の注意点を以下に示します。

- def は関数を定義するためのキーワード
- 関数名はアルファベットから始める
- 引数（ひきすう）とは、関数に入力する値で、必要な数だけ指定できる
- 引数がない場合には、関数名( )となる
- 末尾にコロン（ : ）が必要
- 2行目以降は、字下げ（以下、インデント）
- 戻り値（返り値ともいう）とは、関数から返す値
- returnは省略できる

例　2つの数を受け取って和を返すtotal関数の例です。

```
def total(x , y):
    z = x + y
    return z

t = total(7 , 5)
print(t)
```

```
12
```

Q1 練習問題

2つの数を受け取って積を返すproduct関数を使って、2の段の九九を表示しましょう。

5行目以下をfor文を使って書き換えます。

```
01: def product(x , y):
02:     z = x * y
03:     return z
04:
05: p = product(7 , 5)
06: print(p)
```

```
35
```

例　素数を判定するプログラムを使って、自作関数の作り方を段階的に説明します。

2〜10000までの素数を判定し、処理にかかった時間を表示するようにしてみましょう。

❶ 素数を判定するプログラムを作る

素数は1とその数以外に割り切れない自然数（ただし、1は含まない）です。

このことから、自然数nを以下のようにして、素数と判定することにします。

- nを2からn–1まで順にわり算する
- 割り切れたら（余りが0なら）素数ではない（変数flg = False）
- 最後まで割り切れなかったら（余りが0でないなら）素数である（変数flg = True）

```
01: num = 10
02: flg = True
03: if num < 2:
04:     flg = False
05: else:
06:     for i in range(2, num):
07:         if num % i == 0:
08:             flg = False
09: print(flg)
```

```
False
```

変数numに判定する自然数10を代入し、素数の判定結果が入る変数flgの初期値をTrue、つまり、素数にしておきます。

3行目のif文によって、1以下の整数は素数ではない（flg = False）とします。

6行目のfor文によって、割る数を2からnum–1まで変化させます。range(2, num)は2からnum–1までであることに注意しましょう。

7行目のif文によって、余りが0であれば、素数ではない（flg = False）と判定します。

num–1まで判定が繰り返され、1度も余りが0にならなければ、素数になります。

このとき、変数flgの値が初期値のTrueのまま変わらないというところがポイントです。

❷ 素数を判定するプログラムを関数にする

素数を判定するprimeNumberCheck関数は、❶を利用して次のように書けます。

```
01: def primeNumberCheck(num):
02:     flg = True
03:     if num < 2:
04:         flg = False
05:     else:
06:         for i in range(2, num):
07:             if num % i == 0:
08:                 flg = False
09:     return flg
10:
11: print(primeNumberCheck(11))
```

```
True
```

❸ 2〜10000までの素数を判定して素数のみを表示する

primeNumberCheck関数を使って、2〜10000までの素数を判定し、素数のみを表示します。上のプログラムの11行目以降を次のように書き換えます。

```
11: for num in range(2,10001):
12:     if primeNumberCheck(num) == True:
13:         print(num,end=',')
```

```
2,3,5,7,11,13,17,19,23,…(略)…,9931,9941,9949,9967,9973,
```

12行目のif primeNumberCheck(num) == True: は、if primeNumberCheck(num): と書くことで==Trueを省略できますが、今回は判定を明確にするため省略していません。

❹ 処理時間を表示する

timeモジュールを使って、2〜10000までの素数を判定して素数のみを表示するのにかかった時間を計測して表示します。

```
import time

def primeNumberCheck(num):
    flg = True
    if num < 2:
        flg = False
    else:
        for i in range(2, num):
            if num % i == 0:
                flg = False
    return flg

```

```
13: start = time.time()
14: for num in range(2,10001):
15:     if primeNumberCheck(num) == True:
16:         print(num,end=',')
17: end = time.time()
18: print('¥n')
19: print(end-start)
```

```
2,3,5,7,11,13,17,19,23,…(略)…,9931,9941,9949,9967,9973,
5.3628106117248535秒
```


❺ 処理時間が短くなるようにプログラムを修正する

2〜10000までの素数の処理にかかった時間はおよそ5秒でした（上の実行例の場合）。これを2〜50000までに変更すると、かかる時間はいくらになるでしょう。14行目を次のように修正します。

```
14: for num in range(2,50001):
```

```
2,3,5,7,11,13,17,19,23,…(略)…,49943,49957,49991,49993,49999
104.30520725250244秒
```

この例では、およそ1分44秒の時間がかかりました。

調べる自然数が大きくなると、処理に多くの時間がかかることがわかります。

素数かどうかを判定する部分は、2からnum−1までのすべての数について余りが0になるかを判定しています。

```
08:         for i in range(2, num):
09:             if num % i == 0:
10:                 flg = False
```

しかし、1度でも余りが0なら素数と判定できるので、常にnum−1まで計算する必要はありません。以下の例で示す11行目のように、breakという命令を使うことで、余りが0になったときに、強制的にfor文を抜けることができます。およそ11秒で処理できました。

```
01: import time
02: 
03: def primeNumberCheck(num):
04:     flg = True
05:     if num < 2:
06:         flg = False
07:     else:
08:         for i in range(2, num):
09:             if num % i == 0:
10:                 flg = False
11:                 break
12:     return flg
13: 
```

```
start = time.time()
for num in range(2,50001):
    if primeNumberCheck(num) == True:
        print(num,end=',')
end = time.time()
print('¥n')
print(end-start)
```

```
2,3,5,7,11,13,17,19,23,…(略)…,49943,49957,49991,49993,49999
11.528966665267944秒
```

❻ さらに処理時間が短くなるようにプログラムを修正する

break命令を使うことで、処理時間を短くできましたが、もっと短くすることはできないでしょうか。割り切れるということを考えると、2からnum−1まででではなく、2から$\frac{num}{2}$まででよさそうです。

```
        for i in range(2, int(num/2)+1):
            if num % i == 0:
                flg = False
                break
```

```
2,3,5,7,11,13,17,19,23,…(略)…,49943,49957,49991,49993,49999
6.055392503738403秒
```

このようにfor文など繰り返し処理が行われている部分を見直すと、処理時間が短くなります。

Q2 練習問題

上の例では、2から$\frac{num}{2}$までの数で素数の判定をしていましたが、さらに2から$\sqrt{num}$までの数で割り切れなければ素数と判定できます。次ページに示す8行目の(1)をどのように書き換えればよいでしょうか。

ヒント

$\sqrt{num}$は、math.sqrt(num)と記述できますが、$\sqrt{num} = num^{\frac{1}{2}} = num^{0.5}$と考えてみましょう。

$num^{0.5}$は、pow関数を使ってpow(num,0.5)や算術演算子**を使ってnum**0.5と記述できます。

```
import time

def primeNumberCheck(num):
    flg = True
    if num < 2:
        flg = False
    else:
        for i in range(2,        (1)        ):
            if num % i == 0:
                flg = False
                break
    return flg

start = time.time()
for num in range(2,50001):
    if primeNumberCheck(num) == True:
        print(num,end=',')
end = time.time()
print('¥n')
print(end-start)
```

例　2つの数を入れ替えるプログラムを自作関数にしてみましょう。

❶ 2つの数を入れ替えるプログラムを確認する

2つの数を入れ替えるプログラムは、第1章の章末問題で取り上げました。

```
01: num_1 = 2
02: num_2 = 5
03: temp = num_2
04: num_2 = num_1
05: num_1 = temp
06: print('num1 = ' + str(num_1))
07: print('num2 = ' + str(num_2))
```

❷ 2つの数を入れ替えるプログラムを関数にする

上の3行目から5行目が2つの数を入れ替えている部分です。ここをswapという名前の自作関数に書き換えてみましょう。

次ページのプログラムでは、1行目で関数名swapを宣言しています。引数も戻り値もありません。関数の中で、2つの数を入れ替える処理を行っています。

6行目・7行目で2つの数を代入し、9行目でswap関数を実行します。

11行目・12行目で2つの数を表示します。

```
01: def swap():
02:     temp = num_2
03:     num_2 = num_1
04:     num_1 = temp
05:
06: num_1 = 5
07: num_2 = 2
08:
09: swap()
10:
11: print('num_1 = ' + str(num_1))
12: print('num_2 = ' + str(num_2))
```

実行するとUnboundLocalErrorが発生します。

UnboundLocalError: local variable 'num_2' referenced before assignment は、ローカル変数' num_2'が宣言される前に参照されたという意味です。

9行目でswap関数が実行され、2行目でエラーが発生していることがわかります。

```
UnboundLocalError                         Traceback (most recent call last)
<ipython-input-14-0886cac18422> in <cell line: 9>()
      7 num_2 = 2
      8
----> 9 swap()
     10
     11 print('num_1 = ' + str(num_1))

<ipython-input-14-0886cac18422> in swap()
      1 def swap():
----> 2     temp = num_2
      3     num_2 = num_1
      4     num_1 = temp
      5

UnboundLocalError: local variable 'num_2' referenced before assignment
```

swap関数内の temp = num_2でエラーになっています。

7行目でnum_2 = 2 と初期化していますが、swap関数内では変数num_2が見当たらないためエラーになりました。

変数にはアクセスできる範囲があり、これをスコープといいます。変数がどこで作成されたかによって、アクセスできる範囲が変わってきます。

```
def swap():
    temp = num_2
    num_2 = num_1
    num_1 = temp

num_1 = 5
num_2 = 2

swap()

print('num_1 = ' + str(num_1))
print('num_2 = ' + str(num_2))
```


どの範囲からもアクセスできる変数をグローバル変数、それ以外の変数をローカル変数といいます。

関数内でglobalキーワードを使うことで、変数をグローバル変数として扱うことができるようになります。

```
def swap():
    global num_1
    global num_2
    temp = num_2
    num_2 = num_1
    num_1 = temp

num_1 = 5
num_2 = 2

swap()

print('num_1 = ' + str(num_1))
print('num_2 = ' + str(num_2))
```

```
num_1 = 2
num_2 = 5
```

アクセスできる範囲を決めておく、つまり変数のスコープを狭くしておくのは、予期せぬ値の代入などでエラーが発生するのを防ぐためです。どの変数にも常に自由にアクセスできるようにすると、関数の中で使われている変数が別の場所で書き換えられてしまうなどの問題が発生します。巨大なプログラムになり、多くの関数が使われるようになると、関数の中で同じ名前の変数が使われる可能性があります。

そのとき、関数内でしかアクセスできなければ、ほかの関数の処理に影響を与えません。

プログラミングでは、できる限りグローバル変数を少なくするというのが、エラーを減らすのに有効です。

Q3 練習問題

次のプログラムを実行したとき、(1) ～(6) はどんな値が出力されるでしょうか。グローバル変数とローカル変数に注意して考えてみましょう。

```
def sample():
    global x
    x = 10
    y = 20
    print('3) x='+str(x))
    print('4) y='+str(y))

x = 1
y = 2
print('1) x='+str(x))
print('2) y='+str(y))

sample()

print('5) x='+str(x))
print('6) y='+str(y))
```

```
1) x= (1)
2) y= (2)
3) x= (3)
4) y= (4)
5) x= (5)
6) y= (6)
```

6-2 練習問題の解答

A1 練習問題の解答

2つの数を受け取って積を返すproduct関数を使って、2の段の九九を表示しましょう。

```
def product(x , y):
    z = x * y
    return z

for i in range(1,10):
    p = product(2 , i)
    print('2×' + str(i) + '=' + str(p))
```

```
2×1=2
2×2=4
2×3=6
2×4=8
2×5=10
2×6=12
2×7=14
2×8=16
2×9=18
```

for文を使って、2の段を順に計算し表示します。

for文のインデント、変数iとproduct関数の戻り値が整数型であることに注意して、プログラムを作成しましょう。

A2 練習問題の解答

2から$\frac{num}{2}$までの数で素数の判定をしていましたが、さらに2から$\sqrt{num}$までの数で割り切れなければ素数と判定できます。8行目の(1)の部分をどのように書き換えればよいでしょうか。

```
08:         for i in range(2, num**0.5+1):
09:             if num % i == 0:
10:                 flg = False
11:                 break
```

実行するとTypeErrorが発生します。

TypeError: 'float' object cannot be interpreted as an integerは、整数型(int)でしか受け取らない関数に浮動点小数型(float)で渡してしまったという意味です。

16行目で関数が実行され、8行目でエラーが発生していることがわかります。

```
TypeError                                 Traceback (most recent call last)
<ipython-input-7-48a9f0b85d63> in <cell line: 15>()
     14 start = time.time()
     15 for num in range(2,50001):
---> 16     if primeNumberCheck(num) == True:
     17         print(num,end=',')
     18 end = time.time()

<ipython-input-7-48a9f0b85d63> in primeNumberCheck(num)
      6         flg = False
      7     else:
----> 8         for i in range(2, num**0.5+1):
      9             if num % i == 0:
     10                 flg = False

TypeError: 'float' object cannot be interpreted as an integer
```

range関数の引数は整数のみのため、int関数を使って$\sqrt{num}$を整数値に変換し、$\sqrt{num}$の値が含まれるように＋1します。

正しいプログラム

```
import time

def primeNumberCheck(num):
    flg = True
    if num < 2:
        flg = False
    else:
        for i in range(2, int(num**0.5)+1):
            if num % i == 0:
                flg = False
                break
    return flg

start = time.time()
for num in range(2,50001):
    if primeNumberCheck(num) == True:
        print(num,end=',')
end = time.time()
print('¥n')
print(end-start)
```

```
2,3,5,7,11,13,17,19,23,…(略)…,49943,49957,49991,49993,49999
1.9548718929290771秒
```

さらに処理時間が短くなりました。

A3 練習問題の解答

次のプログラムを実行したとき、(1) ～(6) はどんな値が出力されるでしょうか。グローバル変数とローカル変数に注意して考えてみましょう。

```
def sample():
    global x
    x = 10
    y = 20
    print('3) x='+str(x))
    print('4) y='+str(y))

x = 1
y = 2
print('1) x='+str(x))
print('2) y='+str(y))

sample()

print('5) x='+str(x))
print('6) y='+str(y))
```

```
1) x=1
2) y=2
3) x=10
4) y=20
5) x=10
6) y=2
```

変数xはsample関数内でグローバル宣言されているので、sample関数が実行され、変数xに10が代入されると、関数外の変数xの値も変化します。

一方で、変数yはローカル変数なので、sample関数内で変数yに20が代入されても、関数外の変数yの値は変化しません。

章末問題
6-1 宝さがし

Q 問題

次のような宝さがしゲームを作りました。

6つの箱①②③④⑤⑥のどこかに★（宝）が隠されているので、番号を指定して当てるゲームです。
●（ボム＝爆弾）も隠されているので、それを指定しないようにしましょう。
★を見つけるごとにレベルが上がり、●の数が1つずつ増えます。

動作例

①②③④⑤⑥ 2	②に★があると予想して2を入力する
①○③④⑤⑥ 3	②は○（空）だったので、③と予想する
①○○④⑤⑥ 4	③も○だったので、④と予想する
見つけた！	④に★があった！
○○○★●○	箱の中身を表示。次はレベルが上がって●が2つになる
①②③④⑤⑥ 6	⑥に★があると予想して6を入力する
①②③④⑤○ 4	⑥は○だったので、④と予想する
ボカーン！	
○●○●★○	箱の中身を表示。⑤に★、②と④に●でした

ヒント

動作例のように動かしたいのですが、エラーが発生してしまいます。
エラーメッセージが表示されるので、何を意味しているのか確認しましょう。

```
import random

def set_star_bomb():
    if level < 5:
        level += 1
    star_bomb[0] = '★'
    for i in range(1,level+1):
        star_bomb[i] = '●'
    random.shuffle(star_bomb)

level = 0
bomb = 0

star_bomb = ['○']*6
position = ['①','②','③','④','⑤','⑥']
set_star_bomb()

while bomb == 0:
    pos = input(''.join(position))
    num = int(pos) - 1
    if 0 <= num < len(star_bomb):
        position[num] = '○'
        if star_bomb[num] == '●':
            print('ボカーン！')
            print(''.join(star_bomb))
            bomb = 1
        if star_bomb[num] == '★':
            print('見つけた！')
            print(''.join(star_bomb))

            star_bomb = ['○']*6
            position = ['①','②','③','④','⑤','⑥']
            set_star_bomb()
```

A 解答

実行するとUnboundLocalErrorが発生します。

UnboundLocalError: local variable 'level' referenced before assignment は、ローカル変数'level'が宣言される前に参照されたという意味です。

16行目でエラーが発生していることがわかります。

```
01: UnboundLocalError                         Traceback (most recent call last)
02: <ipython-input-34-0369bc09399c> in <cell line: 16>()
03:      14 star_bomb = ['○']*6
04:      15 position = ['①','②','③','④','⑤','⑥']
05: ---> 16 set_star_bomb()
06:      17
07:      18 while bomb == 0:
08: 
09: <ipython-input-34-0369bc09399c> in set_star_bomb()
10:       2
11:       3 def set_star_bomb():
12: ----> 4     if level < 5:
13:       5         level += 1
14:       6     star_bomb[0] = '★'
15: 
16: UnboundLocalError: local variable 'level' referenced before assignment
```

def set_star_bomb(): として、自前の関数を利用していますが、この関数内の if level < 5: でエラーになっています。

level = 0 と初期化しているのですが、def set_star_bomb():の中ではないので set_star_bomb関数内では、いきなり levelが5より小さいか判断しなさいといわれても、そもそもlevelが何なのかわからないということです。

global level とすることで、set_star_bomb()の外で初期化された変数をset_star_bomb関数内で使うことができるようになります。

```
import random

def set_star_bomb():
    global level
    if level < 5:
        level += 1
    star_bomb[0] = '★'
    for i in range(1,level+1):
        star_bomb[i] = '●'
    random.shuffle(star_bomb)

level = 0
bomb = 0

```

```
star_bomb = ['○']*6
position = ['①','②','③','④','⑤','⑥']
set_star_bomb()

while bomb == 0:
    pos = input(''.join(position))
    num = int(pos) - 1
    if 0 <= num < len(star_bomb):
        position[num] = '○'
        if star_bomb[num] == '●':
            print('ボカーン！')
            print(''.join(star_bomb))
            bomb = 1
        if star_bomb[num] == '★':
            print('見つけた！')
            print(''.join(star_bomb))

            star_bomb = ['○']*6
            position = ['①','②','③','④','⑤','⑥']
            set_star_bomb()
```

```
①②③④⑤⑥2
①○③④⑤⑥3
①○○④⑤⑥4
見つけた！
○○○★●○
①②③④⑤⑥6
①②③④⑤○4
ボカーン！
○●○●★○
```

Point

変数がアクセスできる範囲（スコープ）に気をつける

章末問題

6-2 サイコロゲーム (Shut the Box)

Q 問題

サイコロを使ったひとり遊びのゲームを作りました。

● ルール

1〜9までのカードが1枚ずつと、サイコロ2つを使う。

- サイコロ2つを振って、その目の合計を求める
- 目の合計と同じ値になるように、カードを取る(カードの枚数は任意)
  目の合計が6の場合
  - 6のカードを1枚取る
  - 1と5のカードを2枚取る(ほかの組み合わせでもよい)
- 全部のカードがなくなったら上がり(shut the boxといいます)
  カードが残ってしまったら、負け

● 動作例

サイコロ1:3、サイコロ2:3、合計:6

カード:1・2・3・4・5・6・7・8・9
カード番号?1　　1を入力
カード:2・3・4・5・6・7・8・9
カード番号?5　　5を入力(1+5で6)

サイコロ1:3、サイコロ2:2、合計:5

カード:2・3・4・6・7・8・9
カード番号?2　　2を入力
カード:3・4・6・7・8・9
カード番号?3　　3を入力(2+3で5)

サイコロ1:1、サイコロ2:1、合計:2

カード:4・6・7・8・9
どのカードを組み合わせても2になりません　負けました

```
import random
import itertools

card = [str(i+1) for i in range(9)]
select_card = []

def sum_not_match():
    global count
    for r in select_card:
        card.append(r)
    print('選択したカードの値の合計とサイコロの合計が一致しません')
    print('')
    select_card.clear()
    count = 0
    card.sort()

clearflag = 0

while clearflag != 1:
    count = 0

    dice1 = random.randint(1,6)
    dice2 = random.randint(1,6)
    dice_sum = dice1+dice2

    print('')
    print(f'サイコロ1:{dice1}、サイコロ2:{dice2}、合計:{dice_sum}')
    print('')

    for n in range(1,5):
        for conb in itertools.combinations(card, n):
            sumflag = False
            conb_i = [int(i) for i in conb]
            if dice_sum == sum(conb_i):
                sumflag = True
                break

    if sumflag == False:
        print(f'カード:{"・".join(card)}')
        print(f'どのカードを組み合わせても{dice_sum}になりません')
        break

    while True:
        print(f'カード:{"・".join(card)}')
        cardNum = input('カード番号？')

```

プログラムは次ページにつづく

```
        if cardNum in card:
            card.remove(cardNum)
            select_card.append(cardNum)
            count += 1
        else:
            print('そのカードはありません')

        select_card_i = [int(i) for i in select_card]
        if sum(select_card_i) == dice_sum:
            select_card.clear()
            break
        elif sum(select_card_i) > dice_sum:
            sum_not_match()

    if len(card) == 0:
        if sum(select_card_i) == dice_sum:
            clearflag = 1
            print('素晴らしい！！すべてのカードがなくなりました')
            break
        else:
            sum_not_match()
```

すぐに終わってしまいます。

```
サイコロ1:2、サイコロ2:2、合計:4

カード:1·2·3·4·5·6·7·8·9
どのカードを組み合わせても4になりません
```

ヒント

メッセージを表示している部分の前のコードを疑ってみましょう。

A 解答

if sumflag == False: が成り立つので、カードがあるのに「どのカードを組み合わせても～になりません」と表示され、即終了となってしまいます。使えるカードのすべてを組み合わせて、その合計を求め、2つのサイコロの和と同じ組み合わせがなければ、ゲーム終了と判定しています。例えば、使えるカードが1・2・3の場合、すべての組み合わせは、1、2、3、1＋2、1＋3、2＋3、1＋2＋3の7通りになります。

配列の要素のすべての組み合わせを求めるアルゴリズムは再帰関数を使うなど、初心者にとっては結構ハードルが高いのですが、Pythonではitertoolsモジュールを使えば簡単に求めることができます。それが、itertools.combinations(card, n)になります。たったこれだけでできるなんて、まるで魔法のようです。

itertools.combinations(card, 1)で、1、2、3、itertools.combinations(card, 2)で、1・2、1・3、2・3です。

for n in range(1,5):として、nを1～4まで変化させることで、1枚から4枚までの全組み合わせを求めています。

どんな場合でも4枚までの組み合わせにしているのは、次の理由からです。2つのサイコロの目の和の合計は最大で12です。カードを最小の1から組み合わせた場合、12になるのは1、2、3、4のときなので、4枚より多いカードを組み合わせを考える必要がないのです。

こうして、カードの組み合わせから合計を求め、サイコロの目の和と同じかどうかを判断している部分が、if dice_sum == sum(conb_i):です。

条件が成り立てば、sumflag = Trueとして、breakでループを抜けます。

一見するとよさそうですが、ここに落とし穴があります。

forループは2重ループなので、単純にbreakとしただけでは、1つめのループを抜けるだけなのですね。そのため、再度sumflag = Falseが実行されてしまうのです。

2重ループを抜けるためのコードを3行追加しました。

2重ループを抜ける方法には、様々な方法があります。今回はfor elseを使っています。

```
import random
import itertools

card = [str(i+1) for i in range(9)]
select_card = []

def sum_not_match():
    global count
    for r in select_card:
        card.append(r)
    print('選択したカードの値の合計とサイコロの合計が一致しません')
    print('')
    select_card.clear()
    count = 0
    card.sort()
```

```
clearflag = 0

while clearflag != 1:
    count = 0

    dice1 = random.randint(1,6)
    dice2 = random.randint(1,6)
    dice_sum = dice1+dice2

    print('')
    print(f'サイコロ1:{dice1}、サイコロ2:{dice2}、合計:{dice_sum}')
    print('')

    for n in range(1,5):
        for conb in itertools.combinations(card, n):
            sumflag = False
            conb_i = [int(i) for i in conb]
            if dice_sum == sum(conb_i):
                sumflag = True
                break
        else: # 追加
            continue # 追加
        break # 追加

    if sumflag == False:
        print(f'カード:{"・".join(card)}')
        print(f'どのカードを組み合わせても{dice_sum}になりません')
        break

    while True:
        print(f'カード:{"・".join(card)}')
        cardNum = input('カード番号？')

        if cardNum in card:
            card.remove(cardNum)
            select_card.append(cardNum)
            count += 1
        else:
            print('そのカードはありません')

        select_card_i = [int(i) for i in select_card]
        if sum(select_card_i) == dice_sum:
            select_card.clear()
            break
        elif sum(select_card_i) > dice_sum:
            sum_not_match()
```

```
    if len(card) == 0:
        if sum(select_card_i) == dice_sum:
            clearflag = 1
            print('素晴らしい！！すべてのカードがなくなりました')
            break
        else:
            sum_not_match()
```

```
サイコロ1:4、サイコロ2:1、合計:5

カード:1·2·3·4·5·6·7·8·9
カード番号？1
カード:2·3·4·5·6·7·8·9
カード番号？4

サイコロ1:2、サイコロ2:4、合計:6

カード:2·3·5·6·7·8·9
カード番号？6

サイコロ1:5、サイコロ2:5、合計:10

カード:2·3·5·7·8·9
カード番号？3
カード:2·5·7·8·9
カード番号？7

サイコロ1:5、サイコロ2:3、合計:8

カード:2·5·8·9
カード番号？8

サイコロ1:4、サイコロ2:6、合計:10

カード:2·5·9
どのカードを組み合わせても10になりません
```

実際にやってみるとわかりますが、shut the boxになるのはかなり難しいです。私は何度も挑戦しましたが、未だにできていません。

しかし、プログラムがきちんと動くか確かめるためには、成功できる場合も確認する必要があります。そんなときは、次ページのようにサイコロの目の和を自由に設定できるようにするとよいでしょう。

```
#     dice1 = random.randint(1,6)
#     dice2 = random.randint(1,6)
#     dice_sum = dice1+dice2

    dice_input = input('サイコロの目の和？')
    dice_sum = int(dice_input)

    print('')
#     print(f'サイコロ1:{dice1}、サイコロ2:{dice2}、合計:{dice_sum}')
```

Point

2重ループは1つのbreak文では抜けられない

column

print関数を使った出力

print関数を使って文字列を出力する際、様々な方法が使えます。

f文字列という特別な文字列を使うと、次のように書けます。

```
apple = 200
print(f'リンゴの値段は{apple}円です')
```

```
リンゴの値段は200円です
```

f文字列の利点は、出力する数値や変数ごとに書式を設定できることです。

```
a = 523
b = 361
c = 609
s = a + b + c
m = s / 3
print(f'3つの数の合計は{s:,}, 平均は{m:.2f}です')
```

```
3つの数の合計は1,493, 平均は497.67です
```

`f'{数値:,}'` で、3ケタごとにカンマ(,)で区切ります。

`f'{数値:.有効数字f}'` で、小数点以下の表示する桁数を指定します。

ほかにもたくさんの設定がありますので調べてみましょう。

CHAPTER

7 チャレンジ問題

7-1 じゃんけん1

Q 問題

PC（プログラム）とじゃんけんをします。

じゃんけんは、グー(0)、チョキ(1)、パー(2) というように決めて、0や1や2の数字を入力します。

判定が間違っているようです。

```
じゃんけん:グー(0),チョキ(1),パー(2)2
勝ち
あなた:パー　vs　PC:チョキ
```

動作例

じゃんけん：グー(0),チョキ(1),パー(2) 1	あなたは1（チョキ）と入力
勝ち	
あなた：チョキ ｖｓ　PC：パー	あなたの勝ち
じゃんけん：グー(0),チョキ(1),パー(2) 0	あなたは0（グー）と入力
負け	
あなた：グー ｖｓ　PC：パー	あなたの負け
じゃんけん：グー(0),チョキ(1),パー(2) 2	あなたは2（パー）と入力
あいこ	
あなた：パー ｖｓ　PC：パー	引き分け

```
import random

janken = ['グー','チョキ','パー']

pc_select = random.randint(0,2)
my_select = input('じゃんけん:グー(0),チョキ(1),パー(2)')

if janken[pc_select] == 'グー':
    if janken[int(my_select)] == 'グー':
        print('あいこ')
    elif janken[int(my_select)] == 'チョキ':
        print('負け')
    elif janken[int(my_select)] == 'パー':
        print('勝ち')

if janken[pc_select] == 'チョキ':
    if janken[int(my_select)] == 'チョキ':
        print('あいこ')
    elif janken[int(my_select)] == 'グー':
        print('負け')
    elif janken[int(my_select)] == 'パー':
        print('勝ち')

if janken[pc_select] == 'パー':
    if janken[int(my_select)] == 'パー':
        print('あいこ')
    elif janken[int(my_select)] == 'グー':
        print('負け')
    elif janken[int(my_select)] == 'チョキ':
        print('勝ち')

print(f'あなた:{janken[int(my_select)]} vs PC:{janken[int(pc_select)]}')
```

ヒント

何度かプログラムを実行して、どの判定が間違っているのかを確認しましょう。

また、0、1、2以外の数字を入力したときにエラーになってしまいます。

入力された数字が0、1、2以外だったとき、「入力を確認してください」というメッセージが表示されるようにしてみましょう。

A 解答

場合分けが多い場合、エラーを特定するには、すべての場合を考える必要があります。

乱数が使われていると、すべての場合を考えるのに手間がかかってしまうので、その部分のプログラムを定数に変更して実行するとよいでしょう。

pc_select = random.randint(0,2) を pc_select = 0、pc_select = 1、pc_select = 2 と順に変更してPCの手を固定します。あとは、自分でもグー(0)、チョキ(1)、パー(2)と順に入力して、9つ全部のパターンを調べればよいでしょう。

PCがチョキを選んだときの勝ち負けが逆になっていることがわかります。if文の2か所を変更しました。

```
import random

janken = ['グー','チョキ','パー']

pc_select = random.randint(0,2)
my_select = input('じゃんけん:グー(0),チョキ(1),パー(2)')

if my_select in ['0','1','2']: # 追加
    if janken[pc_select] == 'グー':
        if janken[int(my_select)] == 'グー':
            print('あいこ')
        elif janken[int(my_select)] == 'チョキ':
            print('負け')
        elif janken[int(my_select)] == 'パー':
            print('勝ち')

    if janken[pc_select] == 'チョキ':
        if janken[int(my_select)] == 'チョキ':
            print('あいこ')
        elif janken[int(my_select)] == 'パー': #変更
            print('負け')
        elif janken[int(my_select)] == 'グー': #変更
            print('勝ち')

    if janken[pc_select] == 'パー':
        if janken[int(my_select)] == 'パー':
            print('あいこ')
        elif janken[int(my_select)] == 'グー':
            print('負け')
        elif janken[int(my_select)] == 'チョキ':
            print('勝ち')

    print(f'あなた:{janken[int(my_select)]} vs PC:{janken[int(pc_select)]}')
else: # 追加
    print('入力を確認してください:グー(0),チョキ(1),パー(2)') # 追加
```

```
じゃんけん:グー(0),チョキ(1),パー(2)2
勝ち
あなた:パー　vs　PC:グー
```

このじゃんけんのプログラムでは、PCがグーの場合、チョキの場合、パーの場合とif文が3つのブロックになっています。

このようなプログラムを作成する場合、1つめのグーの部分を記述したあとに、その部分をコピー&ペーストし、チョキの場合とパーの場合に合わせて修正を行うことがあります。

プログラムの共通部分をコピー&ペーストして部分的に修正することは一見すると効率がよい方法のように感じられますが、一部を修正し忘れてしまい、そのためエラーに気がつきにくいことも多いので注意が必要です。

ユーザーから入力された値の判定はプログラミングでも難しいものの1つです。様々な方法があるのですが、今回は、次のような方法で解決することにしました。

if my_select in ['0', '1', '2']: は入力された値 my_select に 0、1、2が含まれていたとき、真(True)となり、じゃんけんが実行されます。それ以外の値が入力されたとき、偽(False)となり、入力確認のメッセージを表示します。

10回じゃんけんを繰り返して、どちらがより多く勝ったかを判定するプログラムなど、自分なりに改造してみると、プログラミングについての理解がさらに深まります。

Point

乱数を使った値で分岐するときは、定数に変更して確認する

7-2 じゃんけん2

Q 問題

PC（プログラム）とじゃんけんをします。
じゃんけんは、グー(0)、チョキ(1)、パー(2) というように決めて、0や1や2の数字を入力します。

判定が表示されない場合があります。

```
じゃんけん:グー(0),チョキ(1),パー(2)0
あなた:グー　vs　PC:パー
```

● 動作例

じゃんけん：グー(0),チョキ(1),パー(2) 1	あなたは1（チョキ）と入力
勝ち	
あなた：チョキ ｖｓ　PC：パー	あなたの勝ち
じゃんけん：グー(0),チョキ(1),パー(2) 0	あなたは0（グー）と入力
負け	
あなた：グー ｖｓ　PC：パー	あなたの負け
じゃんけん：グー(0),チョキ(1),パー(2) 2	あなたは2（パー）と入力
あいこ	
あなた：パー ｖｓ　PC：パー	引き分け

```
import random

janken = ['グー','チョキ','パー']

pc_select = random.randint(0,2)
my_select = input('じゃんけん:グー(0),チョキ(1),パー(2)')

if my_select in ['0','1','2']:
    if pc_select == int(my_select):
        print('あいこ')

    if pc_select == int(my_select)+1 % 3:
        print('勝ち')

    if pc_select == int(my_select)-1 % 3:
        print('負け')

    print(f'あなた:{janken[int(my_select)]}  vs  PC:{janken[int(pc_select)]}')
else:
    print('入力を確認してください:グー(0),チョキ(1),パー(2)')
```

ヒント

勝ち負けを数式を使って判定しています。どのように判定を行っているかも考えながら、エラーを探してみましょう。

■ あいこの場合（PCの数値と自分の数値が等しい）

PC：グー(0), チョキ(1), パー(2)

自分：グー(0), チョキ(1), パー(2)

■ 自分が勝ちの場合（PCの数値と自分の数値＋１が等しい？）

PC：グー(0), チョキ(1), パー(2)

自分：パー(2), グー(0), チョキ(1)

■ 自分が負けの場合（PCの数値と自分の数値－１が等しい？）

PC：グー(0), チョキ(1), パー(2)

自分：チョキ(1), パー(2), グー(0)

A 解答

あいこの場合は、PCと自分の出した手が同じ、つまり、数字が同じならあいこと判定できます。これは簡単ですね。

自分が勝ちの場合はどうでしょうか。

例えば、PCがチョキ(1)のとき、自分はグー(0)で勝ち、PCがパー(2)のとき、自分はチョキ(1)で勝ちになります。

相手の手の数字 = 自分の手の数字+1であれば、勝ちと判断できそうです。

しかし、PCがグー(0)のとき、自分はパー(2)で勝ちなので、2+1 = 3で0とは等しくなりません。

そこで使うのが、わり算の余りを求める % です。

自分がパー(自分 = 2)、相手がグー(PC = 0) のとき、自分+1 = 3となります。

この値を3で割った余りを求めると、3 % 3 = 0となり、PCの値と等しくなります。

自分が勝ちになる場合は次の3つですが、どの場合でも勝ちを判定することができます。

- 自分 = 0　　PC = 1　　(自分の手の数字+1) を3で割った余り = 1
- 自分 = 1　　PC = 2　　(自分の手の数字+1) を3で割った余り = 2
- 自分 = 2　　PC = 0　　(自分の手の数字+1) を3で割った余り = 0

同様に (自分の手の数字−1) を3で割った余りが相手の手の数字と等しいという条件で自分の負けを判断できます。

問題では、(自分の手の数字+1) %3とするところを、自分の手の数字+1%3となっていました。

演算順序は、+よりも%の方が高いので、場合によって誤った計算結果になり、判定間違いが起きていました。

例　1 + 1 % 3 = 2　これではダメ　(1 + 1) % 3 = 2　正しい計算式
　　2 + 1 % 3 = 3　これではダメ　(2 + 1) % 3 = 0　正しい計算式

```python
import random

janken = ['グー','チョキ','パー']

pc_select = random.randint(0,2)
my_select = input('じゃんけん:グー(0),チョキ(1),パー(2)')

if my_select in ['0','1','2']:
    if pc_select == int(my_select):
        print('あいこ')

    if pc_select == (int(my_select)+1) % 3: # 修正
        print('勝ち')

    if pc_select == (int(my_select)-1) % 3: # 修正
        print('負け')

    print(f'あなた:{janken[int(my_select)]} vs PC:{janken[int(pc_select)]}')
else:
    print('入力を確認してください:グー(0),チョキ(1),パー(2)')
```

わり算の余り（剰余）は、プログラミングにおいて非常に有効な考え方です。
じゃんけん1と比較すると、条件分岐が非常に少なくなることがわかります。
条件分岐が少なくなるということは、それだけエラーも減らすことができるのです。

演算の優先順位に気をつける

7-3 メモリーゲーム

Q 問題

記憶力ゲームを作りました。

13個のマーク（●○◎▲△▼▽◆◇■□★☆）の位置を5秒間で覚え、ランダムに出題されるマークの位置を答えます。

正解するごとに表示されるマークの数が増えます（最大で7つ）。

● 動作例

出題：▼○■
▼は左から何番目 ①②③？1　　1番目と回答
正解
出題：○◆▼■
◆は左から何番目 ①②③④？2　　2番目と回答
正解
出題：▽▲◎■●
▲は左から何番目 ①②③④⑤？5　　5番目と回答
残念
ゲームオーバー
▽▲◎■●

```
import random
import time

memory_mark = ['●','○','◎','▲','△','▼','▽','◆','◇','■','□','★','☆']
position = '①②③④⑤⑥⑦'
question_number = 1
level = 3
times = 1
gameover = False

while gameover != True:
    random.shuffle(memory_mark)
    question_mark = ''.join(memory_mark)
    print('¥r覚える記号は　'+question_mark[0:level],end='')
    time.sleep(5)
    print('¥r',end='')

    question_number = random.randint(0,level)
    result = input(question_mark[question_number]+'は左から何番目 '+position[0:level]+' ? ')
    if question_number == int(result)-1:
        print('¥r'+'正解',end='')
        time.sleep(1)
        if level < 7:
            level += 1
    else:
        print('残念')
        gameover = True
    times += 1
print('ゲームオーバー')
print(question_mark[0:level])
```

ヒント

プログラムを実行して、動作を確認してみましょう。

覚える記号の中に出題された記号が入っていない場合があるようです。

覚える記号と出題する記号を処理している部分を確認してみましょう。

A 解答

実行してみるときちんと動いているようなのですが、何度か繰り返していると、次のような現象になることがあります。

覚える記号は◎▲●
▽は左から何番目？

覚える記号の中に、出題された▽はありません。

実は、▽は●の次、左から４番目（question_mark[3]）にセットされているのです。

question_mark[0:level] は文字列から範囲（スライス）を指定して部分文字列を抽出しています。

level = ３のとき、question_mark[0:level] は question_mark[0:3] なので、文字列question_markの０番目～３番目までの文字列を取り出していると考えてしまいますが、実際には０番目～２番目までになります。

[start : end] とすると、start <= x < end の範囲が抽出され、endの値が含まれません。

一方で、random.randint(0,level) は random.randint(0,3) となり、０、１、２、３の乱数を作成します。

random.randint(0,3) では３が含まれるのに、question_mark[0:3] では３が含まれない。

似ているのに微妙に動作が異なるので、非常に気がつきにくいエラーになります。

```
import random
import time

memory_mark = ['●','○','◎','▲','△','▼','▽','◆','◇','■','□','★','☆']
position = '①②③④⑤⑥⑦'
question_number = 1
level = 3
times = 1
gameover = False

while gameover != True:
    random.shuffle(memory_mark)
    question_mark = ''.join(memory_mark)
    print('¥r覚える記号は　'+question_mark[0:level],end='')
# 0～levelまで　levelを含まない
    time.sleep(5)
    print('¥r',end='')

    question_number = random.randint(0,level-1)
# 0～levelまでの数　levelを含む
    result = input(question_mark[question_number]+'は左から何番目　'+position[0:level]+' ? ')
```

```
    if question_number == int(result)-1:
        print('¥r'+'正解',end='')
        time.sleep(1)
        if level < 7:
            level += 1
    else:
        print('残念')
        gameover = True
    times += 1
print('ゲームオーバー')
print(question_mark[0:level])
```

```
◇は左から何番目 ①②③ ? 2
□は左から何番目 ①②③④ ? 3
▲は左から何番目 ①②③④⑤ ? 1
★は左から何番目 ①②③④⑤⑥ ? 3
残念
ゲームオーバー
○★■☆△◎
```

覚える記号の種類や時間を変更すると、ゲームの難易度を変えることができます。

また、1回の間違いで終了するのではなく、3回まで間違えられたり、正解すると間違えられる回数が増えたりすると、ゲームをより面白くできるでしょう。

Point

文字列を[start : end]で抽出するとき、endの値は含まれない

random.randint(start : end)で乱数を発生するとき、endの値は含まれる

7-4 石跳びゲーム

Q 問題

黒石と白石を動かすパズルゲームを作りました。

●●●　○○○　を　○○○　●●●　になるようにします。

黒石と白石は、最初に以下のように並んでいます。

1 2 3 4 5 6 7　(位置番号)

●●●　○○○　(123の位置に黒石、567の位置に白石、4の位置は空き)

● **ルール**

●は左から右へ、○は右から左へ、隣が空いていたら動かせる

●の隣が○でその隣が空いていたら、跳び越せる

○の隣が●でその隣が空いていたら、跳び越せる

ただし、跳び越せるのは1つ

例 ●●●　○○○　→　●●　●○○○

(黒石の隣が空いていたので、右に移動した)

例 ●●●　○○○　→　●●●○　○○

(白石の隣が空いていたので、左に移動した)

例 ●●●○　○○　→　●●　○●○○

(黒石の隣が○で、その隣が空いていたの跳び越した)

次のプログラムでは、途中で黒石が消えることがあるようです。

```
stone = ['●','●','●',' ','○','○','○']
complete_stone = ['○','○','○',' ','●','●','●']

complete = False

while complete != True:
    print(''.join(stone))
    result = input('動かす石の位置番号を入力　①②③④⑤⑥⑦')
    num = int(result)-1
    if 0 <= num <=6 :
        if stone[num] == '●':
            if stone[num+1] == ' ':
                stone[num+1] == '●'
                stone[num] = ' '
            elif stone[num+1] == '○' and stone[num+2] == ' ':
                stone[num+2] = '●'
                stone[num] = ' '
        if stone[num] == '○':
            if stone[num-1] == ' ':
                stone[num-1] = '○'
                stone[num] = ' '
            elif stone[num-1] == '●' and stone[num-2] == ' ':
                stone[num-2] = '○'
                stone[num] = ' '
        if stone == complete_stone:
            complete = True

print(''.join(stone))
print('完成！')
```


ヒント

プログラムを実行して、動作を確認してみましょう。
黒石を動かしたときに、黒石が1つ消えてしまうようです。

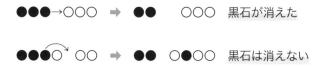

●●●→○○○ ➡ ●●　　○○○ 黒石が消えた

●●●○ ○○ ➡ ●● ○●○○ 黒石は消えない

黒石●を処理している部分を確認してみましょう。

A 解答

黒石を隣の位置に動かそうとしたとき、黒石が消えてしまいます。

黒石の処理を行っている if stone[num] == '●': のところにエラーがあると想像できます。

if stone[num+1] == '　': で隣が空いていたら、stone[num+1] == '●' で隣を黒石に変更しようとしています。しかし、よく見ると = ではなく == となっています。

左辺の値を右辺に代入するのではなく、左辺と右辺が等しいかを判定していることになるので、隣は空いたまま、つまり、'　' ということになり、黒石が消えてしまいました。

if stone[num+1] = '　': とif文の中を = にしたときは、SyntaxErrorが発生して教えてくれるのですが、stone[num+1] == '●' は文法的に間違いではないので、見つけにくいエラーですね。

```
stone = ['●','●','●','　','○','○','○']
complete_stone = ['○','○','○','　','●','●','●']

complete = False

while complete != True:
    print(''.join(stone))
    result = input('動かす石の位置番号を入力　①②③④⑤⑥⑦')
    num = int(result)-1
    if 0 <= num <=6 :
        if stone[num] == '●':
            if stone[num+1] == '　':
                stone[num+1] = '●' # 変更
                stone[num] = '　'
            elif stone[num+1] == '○' and stone[num+2] == '　':
                stone[num+2] = '●'
                stone[num] = '　'
        if stone[num] == '○':
            if stone[num-1] == '　':
                stone[num-1] = '○'
                stone[num] = '　'
            elif stone[num-1] == '●' and stone[num-2] == '　':
                stone[num-2] = '○'
                stone[num] = '　'
        if stone == complete_stone:
            complete = True

print(''.join(stone))
print('完成！')
```

Point

代入演算子 = と比較演算子 == の違いに気をつける

試行錯誤を通して、思考力を育もう

稲垣 俊介
東京都立神代高等学校　情報科主任教諭

私は東京都立高校の情報科教員として、長年にわたりプログラミング教育の最適な実施方法について検討し、実践してきました。その経験から、子どもたちが自ら積極的に手を動かし、プログラミングに触れることの重要性を強く感じています。

子どもたちは、プログラミングを通じて試行錯誤を繰り返し、その過程でスキルを身につけ、思考力を養うと考えられます。この試行錯誤は、プログラムにエラーが発生した際に、それをどのように修正するかから始まります。エラーが発生することもあれば、スムーズにプログラムが動いて見えることもあります。エラーを解消して動くようにしたり、きちんと正しく動くようにしたりするには、プログラミング過程での試行錯誤は欠かせません。場合によっては、解決が難しいエラーに直面することもありますし、学習者によってはそのエラーに立ち向かう能力が足りないこともあるでしょう。

そこで本書の価値が際立ちます。本書には、学習者が試行錯誤を重ねながら学べるように配慮された様々なエラーが掲載されており、それらの原因と対処法が詳しく解説されています。エラーは基礎レベルから始まり、徐々に高度な内容へと進展します。本書を使ってプログラミングを学ぶことで、読者は思考力を育てることが大いに期待できます。

高校でプログラミング教育が本格的に行われる教科は「情報」であり、「情報I」は普通科の高校生全員が学ぶ必履修科目です。この「情報I」が大学入学共通テストにて出題されることが決まり、平成7年度入試からほぼすべての国立大学で出題されるようになりました。この大学入学共通テストにおいて、プログラミングが重要な分野となることが予想されます。

大学入学共通テストでは共通テスト用プログラム表記が用いられ、本書で扱うPythonとは異なります。しかし、共通テスト用プログラム表記のみで学ぶよりも、Pythonを含む実際に使用されているプログラミング言語でしっかりと学ぶことが、より実践的なスキル習得につながると考えます。私が担当する「情報I」の授業でも、実際に使用されるプログラミング言語で指導しています。

また、大学入学共通テストで出題されるプログラミング問題は、思考力を試す問題になると予想されます。このため、思考力を高めるための学習として本書が役立つでしょう。Pythonの学習に限らず、本書は多くのプログラミング入門者にとって有益な内容を含んでいますが、特にこれからプログラミングを学ぶ高校生や彼らを指導する教員の方々に手に取っていただきたいと思います。試行錯誤しながらPythonを学ぶことを通じて、読者のみなさんが思考力を身につけられるよう願っています。

プロフィール

著者 中野 博幸（なかの ひろゆき）

上越教育大学教職大学院教授。新潟県公立中学校・小学校教員20年、指導主事3年、任期付き大学教員6年を経て、現職。

専門は、数学教育、教育工学。学生時代からプログラミングに親しみ、教職に就いてからも様々なソフトウエアを開発し、授業での効果を検証。GIGAスクール構想や小学校でのプログラミング教育の必修化に伴い、ICT（情報通信技術）を活用した授業やプログラミング教育について学校・教育センターなどで研修を実施。主な著作に『エラーで学ぶScratch まちがいを見つけてプログラミング初心者から抜け出そう』（日経BP）、主なアプリに統計分析ソフトウエア「js-STAR XR+」。

解説 稲垣 俊介（いながき しゅんすけ）

博士（情報科学）。東北大学大学院情報科学研究科博士後期課程修了。

東京都立高校にて情報科教員として15年以上にわたり情報教育を実践。筑波大学や國學院大學にて教職課程における情報教育の講師を務める。2023年8月に実施された第16回全国高等学校情報教育研究会全国大会（東京大会）の大会事務局長を務めた。主な著作に『新・教職課程演習 第21巻』（共著、協同出版）、『情報モラルの授業』シリーズ（共著、日本標準）など。また、文部科学省検定済教科書『情報Ｉ 図解と実習』（日本文教出版）の編集・執筆に参画している。

情報科教材配信Webサイト「稲垣俊介.jp」（ https://inagaki-shunsuke.jp/ ）を運営。

監修 堀田 龍也（ほりた たつや）

東北大学大学院情報科学研究科・教授、東京学芸大学大学院教育学研究科・学長特別補佐/教授、文部科学省初等中等教育局・視学委員、国立教育政策研究所教育データサイエンスセンター・上席フェロー、信州大学教育学部附属次世代型学び研究開発センター・特任教授。

中央教育審議会・委員、同初等中等教育分科会・分科会長代理、同デジタル学習基盤特別委員会・委員長など教育の情報化に関する主要な委員を多数歴任。

エラーで学ぶPython

間違いを見つけながらプログラミングを身につけよう

2024年1月22日　第1版第1刷発行

著　　者	中野 博幸
解　　説	稲垣 俊介
監　　修	堀田 龍也
発 行 者	中川 ヒロミ
発　　行	株式会社日経BP
発　　売	株式会社日経BPマーケティング
	〒105-8308　東京都港区虎ノ門4-3-12
装　　丁	串田 千麻（株式会社マップス）
制　　作	山原 麻子（株式会社マップス）
編　　集	田島 篤
印刷・製本	株式会社シナノ

■本書についての最新情報、訂正、重要なお知らせについては下記Webページを開き、書名もしくはISBNで検索してください。ISBNで検索する際は-（ハイフン）を抜いて入力してください。
https://bookplus.nikkei.com/catalog/

■本書に掲載した内容についてのお問い合わせは、下記Webページのお問い合わせフォームからお送りください。電話およびファクシミリによるご質問には一切応じておりません。なお、本書の範囲を超えるご質問にはお答えできませんので、あらかじめご了承ください。ご質問の内容によっては、回答に日数を要する場合があります。
https://nkbp.jp/booksQA

ISBN978-4-296-07081-7
Printed in Japan